아무데도 못 가는 **당신을 위한**

방구석 빵지순례 _{in 도쿄}

아무데도 못 가는 **당신을 위한**

방구석 빵지순례 in 도쿄

BOOKERS

'도쿄 빵' 클럽이란?

『도쿄 카페 2017』(아사히신문출판, 2016년 9월 무크지) 을 출간하면서 이케다 씨가 회장, 하야시 씨가 부회장을 맡아 발족한 가상의 동호회이다. 빵의 멋짐을 알리기 위해서 활동 중이다.

알립니다.

■ 이 책에 실린 내용은 2018년 9월부터 10월 사이에 취재 및 조사한 내용이며, 2021년 업데이트하였습니다. ■ 원칙적으로 골든위크 연휴, 추석, 연말연시를 제외한 정기휴일만 표시하였습니다. 코로나19로 인해 변동사항이 있을 수 있으니 자세한 정보는 각 매장에 문의하시기 바랍니다. ■ 상품가격은 모두 세금이 포함된 금액입니다. ■ 메뉴 및 상품은 매진되거나 가격 또는 내용이 변경될 수 있습니다. ■ 고유명사화된 빵 이름은 그대로 살렸습니다(야채빵, 고로케 등).

p.3사진 : 블랑제리 수도 (→p.54)
p.4사진 : 르 르소르 (→p.172)

CONTENTS

브리콜라주 브레드 앤드 컴퍼니

팡 데 필로조프

르 프티 멕 히비야

비버 브레드

바게트 래빗

시오빵야 팡 메종

마스야쇼텐 도쿄 본점

팡토에스프레소토 지유가타

BRAND NEW BAKERY

새롭게
떠오르는
베이커리

제빵 장인이 새로 문을 연 가게부터 인기 매장의 리뉴얼,
각 지역에서 이름난 명물 빵집의 도쿄 첫 진출 소식까지.
도쿄의 베이커리와 카페 현황이 궁금하다면 이곳을 주목할 것!

(OPEN 2018.6.11~)

브리콜라주 브레드 앤드 컴퍼니

Bricolage Bread & Co.

—

'식사 대용으로 빵'을 먹는다!
프렌치 셰프가 제안하는 새로운 스타일

bricolage
bread
& co.

롯폰기 사쿠라자카 거리로 난 입구. 테라스석을 지나 안으로 들어가면 오른쪽으로는 베이커리, 왼쪽은 카페. 정면에 커피 카운터가 보인다. 롯폰기힐스 안에 있다고는 느끼지 못할 정도로 고즈넉하게 시간이 흐른다. 바로 옆에, 호텔이 있어 외국인 손님도 많다.

(위) 빵은 종류와 크기에 알맞은 온도로 각각 조절하면서 굽는다. **(오른쪽 아래)** 대면식 쇼케이스에서 판매한다. 11시쯤 되면 줄이 길어진다. 점원에게 맛있게 먹는 방법을 물어 보고 사기도 한다. **(왼쪽 아래)** 분위기 좋은 테라스석도 있다.

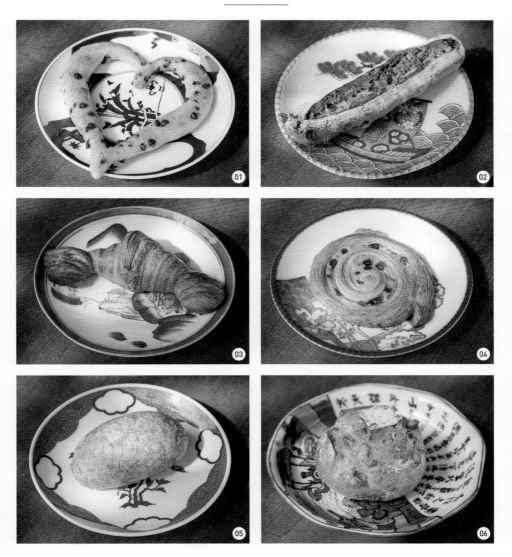

01. 부드럽고 쫄깃한 식빵 반죽으로 만든 **팽 드 미 쾨르**(380엔). 오렌지 필을 넣었다. **02.** 흰 무화과와 커런트 등 말린 과일을 잔뜩 넣은 **프뤼**(1개 700엔, 1/2개 350엔). 와인을 곁들여도 잘 어울린다. **03.** 홋카이도산 밀과 프랑스산 발효 버터로 만든 **크루아상**(380엔). 버터의 풍미가 적당히 있고 식감도 바삭하다. **04.** 럼주에 절인 건포도가 빵의 맛을 돋워주는 **팽 오 레쟁**(380엔). 크렘 파티시에르의 단맛도 적절하다. **05.** 파래와 빵의 조합이 독특한 **무아오사**(340엔). 바다 냄새가 은은하게 감돈다. **06.** 에멘탈치즈, 캐슈너트 등을 넣은 **에멘탈**(1개 700엔, 1/2개 350엔). 식사로도 안성맞춤이다.

빨간 순무를 간 것과 그릴에 구운 갈치를 올린 **타르틴** (1,600엔). 직접 만든 새콤한 사워크림이 상큼함을 더해준다.

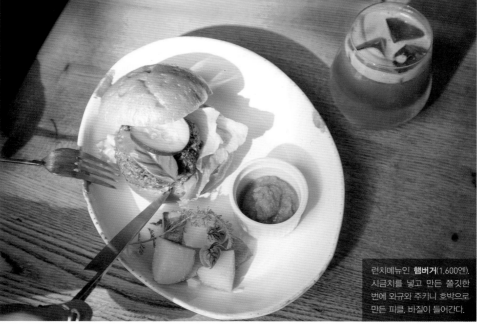

런치메뉴인 **햄버거**(1,600엔). 시금치를 넣고 만든 쫄깃한 번에 와규와 주키니 호박으로 만든 피클, 바질이 들어간다.

01. 벽 한 면을 차지한 창을 열면 빛이 가득 들어오는 기분 좋은 공간이다. **02.** 폐목재를 사용해서 꾸민 실내는 일본의 옛 정취가 느껴져서 편안한 분위기를 자아낸다. 후쿠이의 오래된 고택에서 가져온 가구도 놓여있다. **03.** 카페 입구에는 그날의 추천 메뉴가 적혀있다.

무한대로 펼쳐지는 빵을 먹는 방법의 새로운 제안

브리콜라주 브레드 앤드 컴퍼니

Bricolage Bread & Co.

오너 셰프 나마에 시노부가 총지휘하는 프렌치 레스토랑 레페르베상스 (L'Effervescence), 오사카의 유명 베이커리 르 슈크레 쾨르(Le Sucré-Coeur), 노르웨이에서 건너온 커피숍 푸글렌 도쿄(Fuglen Tokyo)가 함께 만든 새로운 스타일의 베이커리 카페이다. 메인이 되는 빵은 르 슈크레 쾨르의 오너인 이와나가 아유무 셰프가 감수한다. 식사빵과 단과자빵을 매일 40가지 정도 만든다. 카페에서는 세 매장의 완벽한 조화가 돋보이는 요리를 제공한다. 빵 먹는 방법의 폭을 더욱더 넓히고 싶다는 나마에 셰프의 바람대로 생선구이나 장아찌, 산초 같은 일본의 전통 식재료를 조합한 참신한 메뉴도 선보인다.

롯폰기힐스 게야키자카도리 방향 입구. 베이커리 공간은 인더스트리얼 느낌이 나도록 디자인했다. 세련되고 차가운 분위기이면서도 따뜻함이 느껴진다.

📞 +81-3-6804-1980 (베이커리) 📍 都港区六本木6丁目15-1 けやき坂テラス 1F 🕐 08:00~20:00(베이커리)/~21:00(레스토랑, 카페) ※전 종류 다 나오는 시간 11:00 전후 📅 월요일 휴무 🪑 90석 (테라스 26석 포함) 🚇 지하철 롯폰기역 4번 출구 또는 1c 출구에서 걸어서 3분 🌐 bricolagebread.com 📘 @bricolage-bread-co 📷 @bricolage_bread_and_company

밀가루를 비롯한 모든 재료는 오너 셰프 에노모토 아키라가 직접 엄선한 것만을 사용하며, 평소 빵은 약 15종류 정도 만든다. 3가지 바게트와 르방종을 사용한 수분율이 높은 빵, 화이트와인 또는 레드와인을 넣어 반죽한 천연 효모빵, 크루아상 등을 소박하게 진열한 모습이 보기 좋다.

OPEN 2017.9.18~

팡 데 필로조프

Pain des Philosophes

—

자신이 만들고 싶은 빵,
맛있다고 여기는 빵을 만든다.

모양이 독특한 포미에(680엔). 사
과 효모로 반죽하고 건저에일에
졸인 사과 과육을 넣었다.

셰프 에노모토 아키라의 세계관을 빠짐없이 맛볼 수 있는 빵

팡 데 필로조프

Pain des Philosophes

조용한 주택가에 자리 잡은 세련된 외관은 언뜻 보면 전혀 빵집처럼 보이지 않는다. 파리의 도미니크 사브롱(Dominique Saibron)에서 총괄 제빵사인 셰프 블랑제(Chef Boulanger)로 근무했던 에노모토 아키라 씨가 '자신이 만들고 싶은 빵을 만드는' 매장을 가쿠라자카에 열었다. "가쿠라자카는 와인과 치즈로 대표되는 프랑스의 문화가 뿌리를 내린 곳이어서 하드 계열의 식사빵이 낯설지 않아요. 그래서 제가 만드는 빵과 잘 어울린다고 생각했습니다." 하루에 100개를 만드는 세 가지의 바게트는 모두 개성이 뚜렷하다. "탕종법으로 만드는 알파 바게트는 흔한 편이 아닙니다. 쫄깃하고 단맛이 나서 마치 죽을 먹는 것 같기도 하고, 그래서 일식에 곁들여도 잘 어울립니다." 바게트를 고르기 어렵다면 주저 말고 물어보면 된다.

01. 프랑스산 발효 버터를 사용한 최고 인기의 **크루아상**(280엔). **02.** 아사마야마 **식빵**(680엔). **03.** 레드와인을 넣어 만든 **르비뉴롱 루주**(홀 사이즈 2,980엔, 1/2개 1,500엔, 1/4개 750엔). **04.** 쫄깃쫄깃한 식감과 전분의 단맛이 느껴지는 탕종인 **알파 바게트**(220엔). **05.** 팽 드 로데브(홀 사이즈 1,200엔, 1/2개 600엔).

팽나무[榎]잎 모양의 간판 디자인과 철학 (哲學)이라는 뜻의 매장 이름은 모두 오너인 에노모토 아키라(榎本 哲)의 이름 한자에서 따온 것이다.

☎ +81-3-6874-5808 🏠 都新宿区東五軒町1-8 🕐 10:00~19:00 (매진 시 영업 종료) 📅 월요일, 비정기 휴일 🚇 지하철 가구라자카역 1번 출구에서 걸어서 5분 ⓞ @pain_des_philosophes

(왼쪽) 영국의 모던한 호텔이 연상되는 매장
(오른쪽) 돼지고기를 넣은 베트남식 샌드위치 반미(453엔)와 스페셜 커피(410엔).

점심 즈음에 대부분의 빵이 준비된다. 그다음에는 수시로 구워서 보충한다.

OPEN 2018.3.23~

르 프티 멕 히비야

Le Petit mec HIBIYA

———

전설이라 불리는, 바로 그 빵집!
히비야에서 재탄생 되다.

먹는 사람을 행복하게 해주는, 교토에서 온 베이커리

르 프티 멕 히비야

Le Petit mec HIBIYA

단골들의 안타까움 속에 2017년 7월 문을 닫은 '르 프티 멕 도쿄'가 지요다구 히비야에 다시 문을 열었다. 오너인 니시야마 셰프로부터 모든 것을 물려받은 제조 담당이 새로운 빵 개발에 여념이 없다. 처음 먹어보는 경이로운 맛으로 가득한 수많은 명물 빵은 여전히 많은 사람을 사로잡는다.

📞 +81-3-6811-2203 📍 都千代田区有楽町1-2-2 日比谷シャンテ1F ⏰ 8:00~20:00 (라스트 오더 19:30) 🈳 히비야상테 휴관일 🪑 42석 🚇 지하철 히비야역과 바로 연결 (A4 출구로 나와 걸어서 2분) 🌐 lepetitmec.com

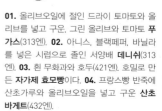

01. 올리브오일에 절인 드라이 토마토와 올리브를 넣고 구운. 그린 올리브와 토마토 **푸가스**(313엔). **02.** 아니스, 블랙페퍼, 바닐라를 넣은 시럽으로 졸인 서양배 **데니쉬**(313엔). **03.** 흰 무화과와 호두(421엔). 호밀로 만든 **자가제 효모빵**이다. **04.** 프랑스빵 반죽에 산초가루와 올리브오일을 넣고 구운 **산초 바게트**(432엔).

빵 종류는 70~80가지. 크루아상,
데니쉬, 하드계열 빵, 달달한 빵,
샌드위치 등 구성이 다양하다.

매장 한쪽의 주방에서 매일 구워
내는 빵이 줄지어 놓여있다. 의욕
적으로 신상품을 출시하기 때문에
나오면 꼭 사는 단골까지 있다.

인기메뉴 카카오닙스 멜론은 카카오닙스
의 쌉쌀한 맛과 식감이 흥미롭다.

비버 브레드 *Beaver Bread*

오직 이곳에서만 맛볼 수 있는
빵을 만나다

레스토랑에도 납품하는 커다란 **캉파뉴**는
무게를 달아서 판매한다.

언제 들러도 즐겁고 질리지 않는 빵
비버 브레드
BEAVER BREAD

긴자의 오래된 프렌치 레스토랑에서 활약하던 제빵 장인 와리타 게이치의 작
은 매장에서는 매일 약 70가지의 빵이 등장한다. 익숙한 멜론빵을 만들더라도
조금씩 변화를 시도하며 '평범함'에 작은 '특별함'을 더한 와리타의 스타일 덕
분에 어떤 빵이 나올지 갈 때마다 설렌다.

📞 +81-3-6661-7145 ◎ 中央区東日本橋 3-4-3 ⏰ 8:00~19:00 (토 · 일요일은 18:00까지) 🗓 월
요일, 비정기적 화요일 🚇 지하철 바쿠로요코야마역 A2 출구에서 걸어서 4분 📘 @beaver.bread
📷 @beaver.bread

01. 크림빵×리코타(250엔). 커스터드 크림
과 리코타 치즈의 각기 다른 식감이 빵 반
죽에 빚어 넣은 바스크산 에스플레트 고추
(붉은 고추)와도 잘 어우러진다. 디저트 와
인에 곁들여도 좋다. **02. 니보무슈**(500엔).
크로크무슈에 니보버터를 넣어 만든다. 식
빵의 두께는 약 2.5cm 정도가 너무 두껍거
나 얇지 않고 적당히 폭신하다.

(OPEN 2018.02.02~)

바게트 래빗

baguette rabbit

—

안심하고 먹기 바라는 마음으로 재료에 더욱 공을 들인다.

(위) 고르기 어려울 정도로 종류가 많다. **(왼쪽 아래)** 빵 이름표에는 알레르기 표시도 있다. **(오른쪽 아래)** 선반 가득 놓인 불. 같은 반죽으로 단과자빵도 만든다.

01   02   03   04

나고야에서 도쿄로. '먹는 사람을 생각하는' 빵

바게트 래빗

baguette rabbit

매장에서 판매하는 빵은 대부분 일본산 밀을 매일 도정해서 만든다. 누구나 안심하고 먹을 수 있는 빵을 만들기 위해서 재료에 각별히 신경을 쓴다. 알레르기를 일으키지 않는 빵, 영양가를 중시한 빵도 있다. 불(Boule)은 하루에 300개가 팔릴 정도로 인기 상품이다.

(위) 바게트는 4종류이다. **01. 바게트 래빗** (324엔). 미에현산 전립분으로 만들어서 향이 구수하고 잡냄새가 없는 만능 **식사빵**이다. **02. 불(Boule)**은 쫄깃쫄깃하고 수분 함량이 높은 빵이다(453엔). **03.** 불 반죽에 4가지 치즈를 넣은 **카트르 프로마주**(453엔). **04.** 영양가 높은 밀기울을 넣은 **지유가오카 원로프**(개당 453엔).

📞 +81-3-6421-1208 📍 都目黒区自由が丘1-16-14 プルメリア自由が丘1F 🕐 9:00~20:00 📅 수요일 🚇 도큐 도요코선 지유가오카역 정면 출구에서 걸어서 6분 🌐 baguette-rabbit.com 📘 facebook.com/baguetterabbit 📷 @baguette_rabbit 📷 @baguetterabbit

왠지 정겨운 시오빵(소금빵)은 계속해서 먹고 싶은 소박한 맛이 매력이다. 에히메(愛媛)현 본점에는 조리빵과 단과자빵도 있지만, 도쿄점에서는 시오빵 한 가지만 판매한다.

(OPEN 2018.02.15~)

시오빵야 팡 메종

shiopanya pain maison

—

에히메현에서 온,
작은 행복을 전하는 시오빵

저녁 시간에도 갓 구운 빵을 맛볼 수 있게
마감 직전인 18시 30분까지 빵을 굽는다.

대량 구매하는 사람도 많다. 계산하기 쉽도록
가격은 간편하게 50엔 단위다.

하루 평균 3,000개를 굽는다. 버터가 녹아서 생긴
공간과 망치로 부순 암염이 맛의 포인트다.

조카아이의 아이디어로 탄생한 시오 멜론빵.
시오빵을 응용한 상품도 인기다.

01

02

03

04

큰 붐을 일으킨 원조 시오빵 맛집

시오빵야 팡 메종

塩パン屋 pain maison

에히메현 야와타하마시에서 순식간에 전국으로 퍼져나간 시오빵(소금빵)의 원조 매장이다. 세 군데 점포 모두 가족이 경영한다. 어시장에서 일하는 사람들이 한여름에도 간편하게 먹을 수 있게 만들기 시작한 빵이다. 버터향이 감도는 가벼운 식감의 시오빵은 한번 먹으면 그 맛을 잊지 못한다. 갓 구운 행복을 찾아서 자꾸만 발길이 향한다.

📞 +81-3-6240-4777 📍 都墨田区吾妻橋 2-4-1 サンクエトワール 1F 🕐 7:30~19:00 📅 화요일 🚇 지하철 혼조아즈마바시역 A3 출구에서 걸어서 1분 📷 @ shiopan_maison

01. 시오빵(100엔). 갓 구운 빵은 밑바닥이 바삭바삭하다. **02.시오 멜론빵**(150엔). 쿠키 반죽과 시오빵의 달콤 짭조름한 조합이 인기다. **03.통팥은 직접 삶는다. 생크림 단팥 시오빵**(200엔). **04.**반죽에 새우를 갈아 넣은 **에비 시오빵**(100엔). 구수한 냄새가 식욕을 자극한다.

입구에는 20곳이 넘는 계약 농가를 소개하는 패널이 나란히 붙어 있고, 매장 여기저기에 홋카이도의 한 지역인 도카치(十勝)라는 글자가 눈에 띈다. 독자적으로 개발한 마스야쇼텐만의 특별한 '탕종법(익반죽)'이 맛의 핵심이다. 물을 넉넉하게 붓고 죽처럼 쒀서 반죽을 만들기 때문에 도카치산 밀의 단맛과 포근하고 쫄깃한 식감이 그대로 살아있다.

OPEN 2016.11.29~

마스야쇼텐
도쿄 본점

満寿屋商店 東京本店

——

도카치의 매력을
전하는 안테나숍

도쿄에서 도카치 문화를 널리 알리다
마스야쇼텐 도쿄 본점 満寿屋商店 東京本店

1950년 창업한 이래 오비히로(帯広) 사람들에게 사랑받으며 성장한 노포 베이커리이다. 도카치산 밀 100%로 만든 개성 넘치는 빵과 함께 홋카이도산 채소도 판매한다. 가장 인기 있는 토로리 치즈빵은 팝업스토어 행사에서 1,200개나 팔리기도 했다. 1년에 30회 이상의 팝업 행사를 통해 빵을 통해 도카치의 매력을 널리 알리고 있다.

01. 향이 진한 요츠바유업의 버터를 사용한 **클로버 소금 버터빵**(198엔). **02.** 도카치산 치즈 5종을 올린 **토로리 치즈빵**(380엔). **03. 도카치 단팥빵**(145엔). 직접 만든 팥앙금이 부드럽다.

📞 +81-3-6421-2604 📍 都目黒区八雲 1-12-8 鶴田ビル 1F ⏰ 8:00~19:00 📅 화요일, 수요일
📍 도큐 도요코선 도리츠다이가쿠역에서 걸어서 5분 🌐 masuyapan.com 📘 @masuyatokyo 📷
@masuyatokyo

팡토에스프레소토 지유가타
パンとエスプレッソと自由形

일상에서 벗어난 기분을 즐기는 유니크한 카페

'팡에스'의 인기 메뉴와 한정 세트를 함께 즐긴다

팡토에스프레소토 지유가타
パンとエスプレッソと自由形

오모테산도에 있는 '팡토에스프레소토'의 분점이다. 부유하는 느낌을 테마로 하는 매장 내부는 구름처럼 새하얀 벽이 인상적이다. 오모테산도점의 대표상품인 '무(MOU)' 식빵으로 만든 프렌치토스트와 카푸치노, 그리고 런치메뉴인 파니니도 인기다. 매장에 딸린 주방에서는 이른 아침부터 오후까지 빵을 굽는다.

📞 +81-3-3724-8118 🏠 都目黒区自由が丘2-9-6 Luz自由が丘3F ⏰ 9:00~19:00 (라스트 오더 18:30) 📅 연중무휴(비정기휴일) 🪑 20석 📍 도큐 도요코선 지유가오카역 정면 출구에서 걸어서 3분 ⊕ bread-espresso.jp 📘 @b.e.and.jiyugata 🐦 @b_e_Jiyugata 📷 @bread_espresso_jiyugata

(위) 명물 식빵인 무(MOU)로 만든 **무티라미수**(500엔). 진한 자가제 마스카르포네 크림을 아낌없이 넣었다. **(가운데)** 이름을 먼저 만들었다는 **산도후이치***는 파이와 빵 사이에 속을 넣은 독특한 메뉴다. 식사용과 디저트용 각 350엔. **(아래)** 1층에 같은 계열사의 빵집 '난토카프레소'(なんとかプレッソ)에서 구매한 빵을 가지고 올라와서 먹을 수도 있다.

*산도후이치에서 '후이치'는 불일치로 위아래 각기 다른 종류(빵과 파이)로 샌드하기 때문에 샌드(산도) 불일치(후이치)가 되었다고 한다_역자 주

치쿠테 베이커리

파라 에코다

카타네 베이커리

아오산

토시 오 쾨르 뒤 팽

블랑제리 보네단느

코메트

블랑제리 레칸

블랑제리 스도

365일

Chapter

2

BAKERY 10

지금 바로
달려가고 싶은
베이커리 10

유명한 곳이 너무 많아 즐거운 고민을 하게 되는 도쿄의 베이커리.
그중에서도 빵 연구소 '팡라보'의 이케다 회장이 추천하는 베이커리 10곳을 선정해 보았다!

01. 치쿠테 베이커리

CICOUTÉ BAKERY

기본은 효모, 밀가루, 소금, 물만으로 심플하게

갓 구운 빵을
전합니다!

(시계 방향 위) 40여 가지의 빵을 판매한다. 같은 것만 계속 굽지 않고 손님들이 많이 찾는 빵을 살피면서 그때그때 새로 구워 내놓는다. 오픈 직후에는 달콤한 빵이 많다. (오른쪽 아래) 정성을 담아 빚은 반죽을 최적의 타이밍에 굽는 기타무라 셰프. (가운데 아래) 빵 진열대 너머로 가끔씩 보이는 기타무라 셰프의 집중한 얼굴은 진지 그 자체다. (왼쪽 아래) 물결무늬의 PVC 벽이 인상적이다.

원하는 빵이 나오는 시간을 확인하세요.

빵 만들기는 타이밍이 중요.

자가제 발효가 오직 이곳에만 있는 빵을 빚어낸다

오너 셰프 기타무라 치사토가 자가제 효모를 고집하는 이유는 분명하다. 손수 발효시켜서 키운 만큼 속속들이 알고 있는 효모로 손님들이 안심하고 먹을 수 있는 빵을 만들기 위해서다. 직접 만드는 효모는 시판 빵효모보다 온도와 습도 변화에 민감해서 제대로 다루려면 숙련된 기술이 필요하다. 정성과 노력이 더 많이 들어가지만, 직접 키우고 계속해서 이어가는 효모가 이곳에서만 볼 수 있는 빵 맛을 빚어낸다.

은은한 산미를 내는 르방 리퀴드, 단맛이 올라오는 건포도 발효종, 호밀과 궁합이 잘 맞는 사워종, 건포도 발효종에 전립분을 넣고 배양하여 20년 동안 이어온 발효종. 이렇게 4종류의 효모를 사용한다. 이것을 한데 섞기도 하고 배합을 바꿔가면서 맛이 풍부한 빵을 만들고 있다.

"갓 지은 밥에서 나는 단맛이 빵에서도 난다"고 말하는 기타무라 셰프는 효모와 밀가루, 소금과 물이라는 단순한 재료만으로 밀이 지닌 개성을 끌어내고자 노력한다. 빵은 전부 일본산 밀로만 만드는데, 주로 사용하는 홋카이도산 밀은 품종마다 개성도 다르다. 제분 상태에 따라서도 맛이 달라지기 때문에 빵에 맞춰서 품종과 제분 방법을 달리한 밀가루를 섞어 쓴다.

"요즘에는 밀 본연의 맛을 빵으로 표현하고, 손님들에게도 그 참맛을 알려드리려 합니다." 이를 위해서는 자가제 효모는 그야말로 가장 좋은 파트너인 셈이다.

치쿠테 베이커리의 진면목은 자가제 효모의 특징이 잘 드러나는 하드계열 빵에서 확인할 수 있다. 르방 리퀴드(효모 액체)와 건포도 발효종을 넣고 하루 전부터 저온 발효하여 만드는 '뤼스티크', 뤼스티크와 같은 효모를 사용했지만 효모의 양과 발효 시간을 바꿔서 완전히 다른 빵으로 탄생한 '비엠 바게트', 이 빵으로 맛있게 만든 타르틴과 샌드위치도 빼놓을 수 없다. 가나가와현의 유기농 농원에서 키워 맛이 좋은 제철 채소를 풍성하게 넣는다. 밀 향이 구수한 자가제 효모빵과도 잘 어우러진다.

한 입 먹을 때마다 느껴지는 자연의 은혜와 고마움, 치쿠테 베이커리의 빵은 행복을 선사한다.

01. 비엠 바게트(라지 사이즈 350엔). **02.** 구운 연근과 루콜라, 병아리콩 페이스트를 넣은 **샌드위치**(500엔). **03.** 방울토마토와 이집트소금, 콩테 치즈를 올린 **타르틴**(350엔) **04.** 쇼난 밀로 만든 **쇼난 로데브**(300엔).

01   02   03   04

05. 빵 공방 시작 당시 시모키타자와의 치쿠테 카페에 납품한 빵이 입소문이 나면서 단골 고객이 늘었다. **06.** 물결무늬 PVC판 사이로 빛이 들어와 아늑함이 느껴지는 내부. **07.** 두 종류의 효모를 사용한 바게트

05   06   07

이케다 씨
발효종에 쏟는 정성과 빵에 대한 애정은 글로 다 표현하기 어렵다!

치쿠테 베이커리 CICOUTÊ BAKERY

📞 +81-42-675-3585 🏠 八王子市南大沢 3-9-5
🕐 11:30~16:30 (매진 시 영업 종료) 📅 월·화요일, 비정기 휴일 🪑 16석(테라스 8석 포함)
🚶 게이오 사가미하라선 미나미오사와 역에서 걸어서 10분 🌐 cicoute-bakery.com 📱 @bakerycicoute

자가제 발효,
일본산 밀을 사용

매장에서 직접 밀을 빻는다

02. 파라 에코다

パーラー江古田

맷돌로 자가제분한 전립분을 넣은 투박한 빵

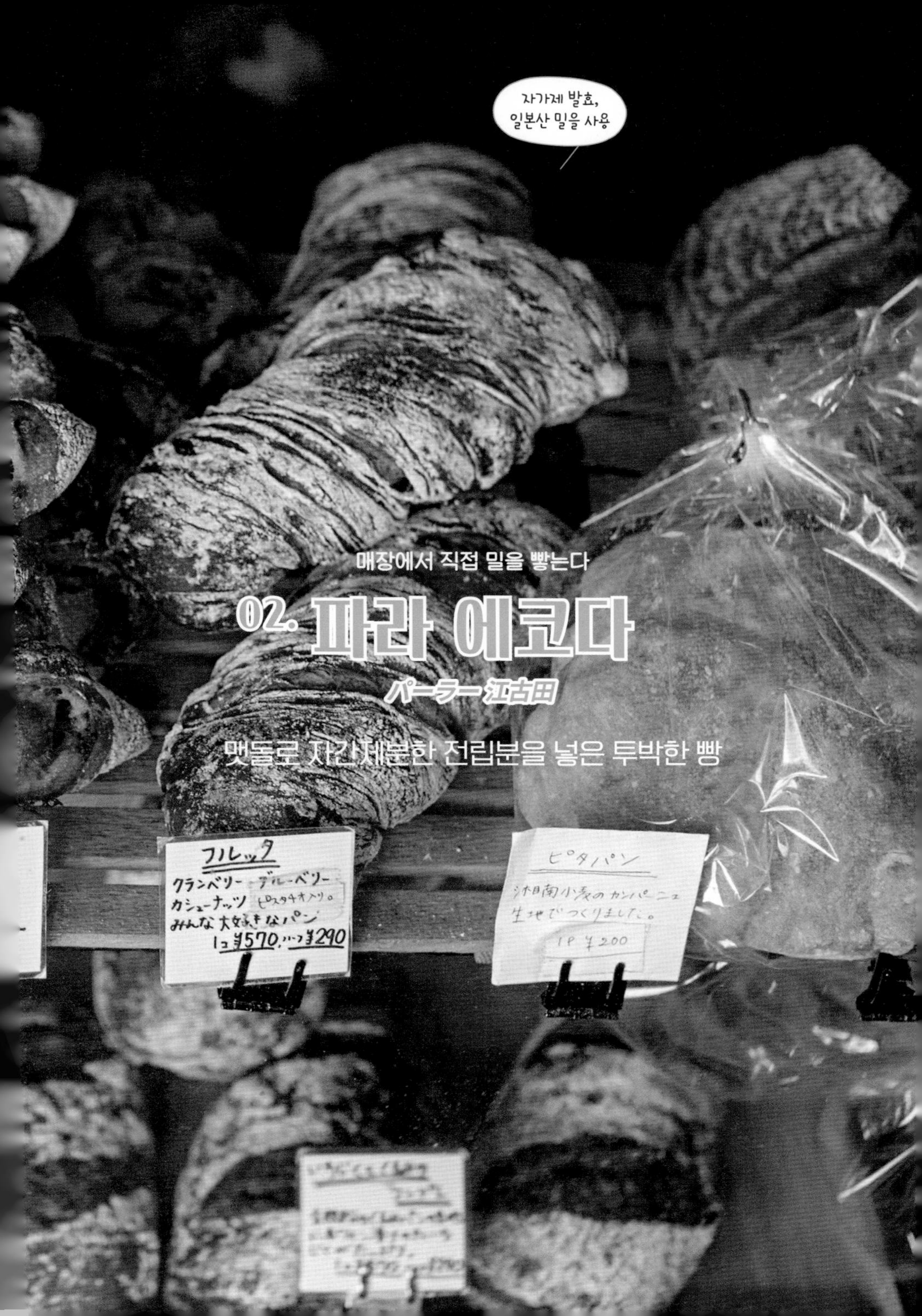
フルッタ
クランベリー ブルーベリー
カシューナッツ ピスタチオ入り。
みんな大好きなパン
1コ ¥570, ハーフ ¥290
ピタパン
湘南小麦のカンパーニュ生地でつくりました。
1P ¥200

투박한 빵이 가져다주는 행복한 시간

가정집을 개조한 높은 천장의 매장 내부 그리고 나뭇결이 그대로 살아있는 공간은 찾아오는 사람들을 따스하게 품어주는 온화함으로 가득하다. 막 문을 연 이른 아침. 한 남성이 카운터 좌석에 앉아 혼자만의 시간을 만끽한다. 빵을 먹으면서 연신 '맛있다'며 감탄을 내뱉는다. 주인인 하라다 코지 셰프와 스태프는 카운터 너머에 서서 미소 띤 얼굴로 손님을 맞이한다. '파라 에코다'에서 매일 반복되는 일상의 한 조각이다. 파라(parlour)는 특정 상품 혹은 서비스를 제공하는 상점이란 뜻으로 오키나와에서는 어른아이 할 것 없이 생활의 일부처럼 즐겨 찾는 소박한 간이매점 스타일의 작은 식당을 말한다. 이처럼 부담 없는 장소가 되고 싶다는 바람이 이름에 담겨 있다.

입구에 자리한 유리 케이스 안의 빵은 모양이 울퉁불퉁하고 투박하며 정말로 딱딱해 보인다. 메뉴에 적어둔 샌드위치 설명이 흥미롭다. 고를 수 있는 빵마다 코멘트를 달아두었는데, 예를 들면 프랑스빵에는 "겉껍질이 으득으득. 맛있지만 먹기 곤란"이라고 넉살 좋게 써놓았다. 먹기는 힘들지만 그래도 (진짜 맛있으니) 도전해보라는 수줍은 듯 대담한 메시지가 담겨 있다.

01. 장작 난로가 놓인 매장에서는 하라다 셰프가 존경하는 장인들이 만든 치즈와 와인도 맛볼 수 있다. **02.** 주방에서 빵 만들기에 집중하는 스태프. **03.** 매장 한쪽 구석에서 돌아가는 맷돌. 원료를 직접 볼 수 있어 안심이 된다.

01   02   03

"손님에게 강요는 하고 싶지 않아요. 그래도 우리가 느끼는 이 맛을 함께 나누고 싶어요. 먹어보니 맛있다고 알아주시는 것도 고맙고, 이렇게 먹어도 맛있다고 새로운 팁을 말씀해주시는 분들도 있습니다. 여러 사람이 모여 미각으로 함께 공감하는 일. 이것이 제가 빵집을 하는 이유이기도 하지요."

이곳의 간판 상품인 깊고 진한 맛의 하드계열 빵에는 매일같이 맷돌로 직접 빻은 전립분을 사용한다. 신선한 밀가루를 쓰기 위해서 2011년에 맷돌을 들여왔다.

"전립분은 최대 50%까지만 넣습니다. 캉파뉴와 전립분 호두빵 등, 빵마다 배합을 바꿔가며 사용합니다."

밀의 진한 감칠맛이 빵을 씹을수록 입안에 퍼진다. 매장 안에서 맷돌이 돌아가는 모습은 손님들이 밀을 친근하게 느끼는 데 한몫을 하고 있다.

04. 반죽 안에 아몬드크림과 견과류를 듬뿍 넣고 캐러멜을 뿌린 **피칸 너트 타르트**(360엔). **05.** 새송이버섯과 오레가노를 얹어 **구운 버섯 치즈 잡곡빵**(330엔). **06. 캉파뉴**(그램당 1.7엔). 전립분과 호밀을 넣어 쫄깃하면서 약간의 산미가 느껴진다.

04

05

06

이케다 씨
농가 직송 밀을 자가 제분.
갓 빻은 밀가루에 감동.

파라 에코다
パーラー江古田

📞 +81-3-6324-7127 📍 練馬区栄町 41-7 🕐 8:30~18:00 📅 화요일 (공휴일인 경우 다음날) 🪑 13석
🚃 세이부 이케부쿠로선 에코다역 북쪽 출구에서 걸어서 6분 📷 @parlour_ekoda

맛있는 게
최고야!

¥130

パンオショコラ
¥ 170

빵 종류가 정말 다양한

03. 카타네 베이커리
KATANE BAKERY

매일 바뀌는 빵, 계절한정 빵까지 약 100종류

식빵과 동일한 반죽을 지름 5cm
크기로 동그랗게 만든 식사빵.
1봉지 6개 240엔에 판매.

맛있는 빵을 만들기 위해 수고를 아끼지 않는다

새벽 2시. 주인 카타네 다이스케 씨의 하루는 일찍 시작된다. 2시 30분. 누구보다 먼저 주방에 들어가서 밀가루를 계량하고 반죽을 준비한다. 뒤이어 제조와 필링을 담당하는 스태프가 도착해서 반죽을 성형하고 빵을 굽는다. 이렇게 해서 문을 여는 7시 전에 30종류 이상의 빵을 준비한다.

2002년에 매장을 오픈하고 20년 가까이 시간이 흘렀으나 그 사이에 '일찍 열고 종류도 다양한 빵집'으로 완전히 자리를 잡았다. 출근하는 사람들, 아이와 함께온 인근 주민들, 할아버지, 할머니, 외국인 커플까지 이른 아침부터 발길이 이어져서, 세 명이 들어가면 꽉 차는 작은 매장은 항상 북적인다. 점심때가 가까워지면 호두를 넣은 '누아 레쟁'과 '팽 오 누아', 호밀이 들어간 '팽 오 세이글' 등의 하드계열빵이 차례차례 구워지고 키슈와 미트 파이, 피자 같은 식사빵이 준비된다. 바게트와 치아바타, 파니니로 만드는 샌드위치는 주문을 받고 즉석에서 만든다.

손님들이 맛있는 빵을 먹을 수 있게 카타네 씨와 모든 스태프는 어떤 수고도 마다하지 않는다. 서비스 정신을 발휘해서 이런저런 요청에 응하다 보니 점점 늘어나 버린 빵은, 매일 80종류, 계절과 요일 한정 빵까지 합하면 약 100종류나 된다. 전통적인 프랑스식 빵을 중심으로 단팥빵과 멜론빵, 크림빵 같은 일본식 빵도 만들며, 빵에 채우거나 올리는 필링은 모두 손수 만든다.

"설마 이런 것도 직접 만들어? 하고 놀랄만한 것들을 척척 만들어내면 근사할 것 같았어요."라고 말하는 사람은 카타네 씨와 함께 매장을 꾸려가면서 필링과 조리빵을 담당하는 카타네 씨의 아내 도모코 씨다. 햄도 근사하게 매장에서 직접 만든다.

도모코 씨가 레시피를 연구하는 지하의 카타네 카페도 매력적이다. 파리에 있는 작은 호텔의 조식이 연상되는 모닝메뉴는 바게트와 브리오슈 등 3가지 기본 빵에 크루아상이나 팽 오 쇼콜라 중에서 하나를 추가 선택하고, 버터와 직접 만든 잼, 따뜻한 음료와 작은 사이즈의 주스를 곁들인다. 아침 일찍 일어나 기분 좋은 공간에서 빵을 먹으며 파리의 분위기를 만끽하고 싶다.

01. 빵 선반 뒷편 주방에서는 스태프가 절제된 동작으로 일을 한다. **02.** 브리오슈 반죽에 수제 프람보와즈(산딸기) 잼을 넣어 튀긴 **베녜** 등 이른 아침에는 데니쉬와 브리오슈 반죽의 달콤한 빵이 메인이다. **03.** 7:30에서 11:00까지 제공된다. 모닝메뉴 **파리의 조식**(700엔).

04. 팽 오 쇼콜라(170엔). **05.** 가염 발효버터의 향이 고소한 **캐슈너트 프티 퀸 아망**(230엔). **06.** 장시간 발효한 **프랑스빵**(200엔). **07.** 시나몬롤(220엔). 직접 만들어서 반죽 사이사이 말아 넣은 생강 콩피(일종의 절임)가 맛을 더한다.

아케다 씨
모든 공정이 수작업인데도 빵의 종류가 정말 많다.

카타네 베이커리 KATANE BAKERY

📞 +81-3-3466-9834 📍 渋谷区西原 1-7-5 🕐 7:00~18:30(카페 7:30~18:00)
📅 월요일, 첫째 · 셋째 · 다섯째 주 일요일 💺 20석(테라스 6석 포함)
🚃 오다큐 · 지하철 요요기우에하라역 동쪽 출구에서 걸어서 8분 📘 @kataneb 📷 @katanebakery

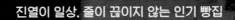

04. 아오산

AOSAN

'매일 먹는 빵'으로 사랑받는
주택가의 베이커리.

01 **01. 아블린느**(356엔)는 헤이즐넛과 2가지 건포도를 넣었다. **02.** 스위스 과자 **엥가디너 누스토르테**(259엔). 오렌지 필과 캐러멜 필링을 채웠다. **03. 블루치즈 빵**(259엔). 듬뿍 바른 벌꿀이 포인트.

01   02   03

줄서기 필수! 가장 인기 있는 사각 식빵을 먼저 맛보자

자가제 효모빵의 개척자적 존재인 시부야구의 요요기하치만의 빵 명가 '르방(Levain)' 출신의 장인 부부가 운영하는 베이커리이다. 센가와역 상점가를 지나 한적한 주택가에 자리하고 있다. 매장 앞에는 교실에나 있음직한 커다란 시계를 표식 삼아 걸어 있고, 매장 안에는 나무 진열장과 녹색 봉지, 알루미늄 쟁반을 둔 모습이 향수를 불러일으킨다. 주인인 오쿠다 미쓰오 씨를 뺀 모든 직원이 여성이다. 한 직원이 직접 손으로 만들었다는 컬러풀한 앞치마를 다 같이 허리에 두르고 오픈을 위해 바쁘게 움직인다.

12시 오픈 시간에 맞춰 속속 구워져 나오는 빵은 개점한 시간 전부터 줄을 선 손님들 덕분에 순식간에 사라진다. 대부분 준비에서 완성까지 3일 걸린다는 사각 식빵을 사러 온 사람들이다. 3종류의 일본산 밀가루를 섞어 충분히 발효시킨 다음 오리지널 레시피로 굽는다. 탱글탱글한 반죽은 씹을 때마다 밀내음이 진하게 퍼져서 쫄깃한 식빵 테두리까지 구수하고 깊은 맛이 난다. 초절정

인기를 자랑하는 빵인 만큼 손에 넣으려면 매일 개점할 때 준비하는 90근(토요일 120근)이 나오는 시간을 노려서 줄을 설 수밖에 없다.

50가지 안팎의 다른 빵도 모두 연구에 연구를 거듭한 결과물이다. 밀을 이용해서 직접 키우는 효모와 무첨가 드라이 이스트를 빵의 특성에 맞게 구분해서 사용한다. 일본산 밀처럼 품질이 좋고 안심할 수 있는 재료를 엄선하는 한편, 매일 먹어도 부담 없기를 바라는 마음이 담긴 합리적인 가격도 인기 요인의 하나이다. 프랑스 과자, 독일 과자 파티시에를 거쳐 빵 장인으로 거듭난 주인의 경력을 살린 구움과자 라인업도 놓칠 수 없다.

테라스에 마련된 아담한 공간에서 갓 구운 빵을 맛보는 것도 가능하다. 또한 매장 바로 앞에 있는 공원 벤치에 앉아 느긋하게 빵을 먹는 사람도 많다고 한다.

주택가 안쪽으로 줄이 끊이지 않는 이 매장은 빵 마니아부터 이웃에 사는 할머니까지 많은 사람에게 사랑받고 있다.

04   05   06   07

04. 나무 받침대에 빵들이 가지런히 놓여있다. 인기가 많은 빵은 작은 사이즈로도 판매한다. **05.** 오픈 시간을 맞추기 위해 끊임없이 빵을 굽는다. **06.** 매장 안은 갓 구운 빵에서 나오는 열기로 가득하다. **07.** 집게를 죽 늘어놓은 모습이 압권이다.

이케다 씨
장시간 발효시켜 만든 식빵은
아오산 최고의 인기 빵!

아오산
AOSAN

📞 +81-3-5313-0787 📍 調布市仙川町 1-3-5 🕐 12:00〜18:00 (매진 시 영업 종료) 📅 월·화요일
💺 6석(테라스 석) 🚶 게이오선 센가와역에서 걸어서 4분 📷 @aosan_bakery

이렇게 레트로한 받침대 위에 하
나둘 빵이 채워진다. 캉파뉴처럼
큰 빵은 쇼케이스에 둔다.

궁금한 빵은
부담 없이 물어보세요.

리뉴얼하면서 식사용 큰 빵의 종류를 늘렸
다고 한다. 자가제 효모를 사용해서 발효시
킨 빵은 그 맛이 심플하면서도 깊다.

(오른쪽 위·아래) 베이직한 빵은 모두 요
리와의 궁합도 좋다. (왼쪽 아래) 매장 2층
에 카페 '콤토와(COMPTOIR)'도 오픈했다.
'토시팡'의 빵과 샌드위치를 즐길 수 있다.

05. 토시 오 쾨르 뒤 팽

Toshi Au Coeur du Pain

'진정한 프랑스빵'을 추구한다

지역 주민은 물론 셰프가 살았던 본고장 파리의 맛. 단골도 멀리서 찾아오는 유명한 빵집이 2018년 7월 도리쓰다이가쿠역 바로 옆으로 이전했다. 아침 6시 오픈 시간은 그대로지만 접근성이 좋아진 덕분에 이른 아침부터 점점 더 많은 사람이 찾아온다.

파리에서 약 2년 동안 빵을 익힌 가와세 도시즈나 셰프. 프랑스에서 뛰어난 기술을 지닌 명장에게 수여하는 MOF를 받은 블랑제 아니스 부압사(Anis Bouabsa) 밑에서 경험을 쌓았다. 빵 중심의 프랑스 식문화를 일본에도 정착시키고자 본고장의 맛을 추구한다.

캉파뉴와 비에누아즈리, 무게를 달아서 파는 르방 등 대면식 카운터에 놓인 빵은 모두 파리 생활에 뿌리를 둔 빵이다. 특히 바게트는 빵집 막내 시절에 파리에서 매일 한 개씩 먹던 그 맛을 재현했다. 자가제 효소로 장시간 발효시켜서 짧은 시간 안에 굽는다. 판매하는 빵 중에서 유일하게 프랑스산 밀가루를 사용한 것으로, 특유의 향과 가벼운 식감을 내기 위해 신경을 썼다. 180엔이라는 합리적인 가격도 가와세 씨가 추구하는 파리다움의 하나이다.

일본인에게 밥이 그러하듯이, 빵 역시 식탁에 없어서는 안 될 일상의 식사로 익숙해질 날도 머지않았다.

01. 2층 카페에서만 볼 수 있는 **비에누아즈리** 메뉴. **02. 오리지널 러스크**(210엔)도 인기. **03.** 참깨와 포피시드(양귀비씨)를 듬뿍 넣은 **팽 오 세레알**(480엔).

04. 호밀과 르방(효모), 소금, 물만 넣고 만드는 **팽 드 세이글 오 르방**(900엔). 무게로도 판다. **05. 팽 오 올리브**(420엔). 와인과 잘 어울린다. **06.** 민트와 향신료가 들어간 **샌드위치 튀니지안**(500엔).

이케다 씨
프랑스에서 일하던 시절의 맛을 추구한 바게트는 본고장이 떠오르는 식감과 향.

토시 오 쾨르 뒤 팽

Toshi Au Coeur du Pain

📞 +81-3-5726-9545 📍 目黒区中根 2-13-5 🕐 6:00~17:00, 카페 10:00~17:00
📅 월·화요일 🔍 도큐 도요코선 도리쓰다이가쿠역에서 걸어서 2분 🄵 toshipain 🄾 @toshiaucoeurdupain

프랑스 감성의 빵집

06. 블랑제리 보네단느

Boulangerie Bonnet d'ane

빵도 과자도 본고장 그대로

빵집이 만든
프랑스 과자.

프랑스 수업에서 빵에 매료되다

주택가의 작은 블랑제리(빵집), 보네단느. 이곳에서 파는 과자와 빵은 주인 오기하라 히로시 씨가 프랑스에서 먹고 맛있다고 느꼈던 경험을 바탕으로 만들었다. 4~5종류의 프랑스산 밀가루를 사용해서 기억 속에 남아있는 맛을 오기하라 버전으로 재현하고 있다.

예를 들면 캉파뉴 반죽에 밀크 초콜릿과 레몬 필을 넣고 헤이즐넛을 뿌려서 구운 '누아제트 시트롱'. 이 빵은 원래 프랑스 과자에 사용하는 헤이즐넛과 레몬 필 조합을 빵에 응용한 것이다. 제과 공부를 하러 간 프랑스에서 제빵으로 분야를 바꾼 오기하리 씨만이 보여줄 수 있는 독창성이다. 달콤한 과자 계열의 비에누아즈리를 포함해서 본고장의 느낌이 살아있는 구움과자도 매력적이다.

"프랑스에 있을 때 빵집에서 만드는 과자에 새로운 매력을 느꼈습니다. 빵집과 과자매장은 밀가루도 오븐도 종류가 달라요. 빵 만드는 오븐에 넣고 낮은 온도로 느리게 굽기 때문에 향은 유지하면서도 입안에서 사르르 녹는 쿠키가 완성되는 것이지요." 프랑스에서 기술자로서의 폭을 넓힌 오기하라 씨의 기술과 센스가 가게의 맛을 풍요롭게 부풀리고 있다.

04. 05. 07. 대면식 진열대에 하드계열. 단과자 계열인 **비에누아즈리**를 중심으로 35가지 정도가 놓인다. **06.** 가게 이름은 프랑스어로 '당나귀 모자(Bonnet D'ane)'라는 뜻이다.

01. 누아제트 시트롱(240엔). **02.** 호밀 100%의 **밤 호밀빵**(500엔 하프사이즈). **03.** 콩가루 페이스트와 아마낫토를 넣은 **콩가루빵**(220엔).

아케다 씨
빵, 매장, 오기하라 셰프에게 프랑스의 에스프리를 뜨겁게 느낄 수 있다!

블랑제리 보네단느 Boulangerie Bonnet d'ane

📞 +81-3-6805-5848　📍世田谷区三宿 1-28-1　🕐 09:00~18:00　📅 월·화요일
🚇 도큐 덴엔토시선 산겐자야역 북쪽 B 출구에서 걸어서 12분
🌐 bread-lab.com　🅕 @ボネダンヌ　📷 @boulangerie_bonnetdane

일본의 식탁을 빵으로 채워 주세요.

일본의 식탁에도 잘 맞는 빵

07. 코메트
Cômete

파리의 유명한 빵집 출신 장인이 실력을 발휘한다

파리에서 갈고닦은 기술과 일본산 밀의 만남

아자부주반에 위치한 코메트는 파리 10구에 있는 유명한 '뒤 팽 에 데지데(Du Pain e Des Idees)' 출신의 고바야시 겐지 씨가 운영한다. 스카이블루 컬러의 작은 매장에서 20~25가지의 빵을 판매한다.

'일본의 식자재로 일본의 식탁에 맞는 빵을' 만들겠다는 것이 고바야시 씨의 철학이다. 프랑스산 재료를 쓰고 프랑스의 식문화에 맞는 본고장의 빵을 만들기보다. 독자적으로 응용해서 일본의 식생활에 자연스럽게 스며들기를 바란다. 매장의 이름을 그대로 가져다 붙인 특별한 빵 '코메트'는 파리에 있을 때 개발했다. 일본산 밀에 쌀겨를 섞어서 구수한 맛의 크러스트와 은은한 단맛이 느껴지는 쫄깃한

속살이 일식은 물론이고 모든 요리에 잘 어울린다. 코메트로 만드는 타르틴도 인기다. 드라이 토마토와 파프리카 등 색색의 재료에 눈까지 즐겁다.

피스타치오 맛 '에스카르고'는 피스타치오 커스터드와 초콜릿 칩을 넣고 돌돌 만 비에누아즈리다. 스승인 '뒤 팽 에 데지데'의 크리스토프 바쇠르(Christophe Vasseur) 씨의 대표작으로, 밀가루 배합 등은 독자적으로 조정했다. 리치한 맛으로, 프랑스산 버터 특유 진한 우유의 풍미가 퍼진다. 저녁 식사나 간식 등 다양하게 먹기 좋은 빵을 만날 수 있다.

(맨 왼쪽, 맨 오른쪽 위) 고바야시 겐지 씨와 부인인 사야카 씨. 사야카 씨의 아이디어로 개발한 것도 있다. 안쪽 선반에도 스콘이며 바게트, 하드계열 빵을 올려두니 놓치지 않도록 살펴보자. (가운데 위, 아래) 잘 나가는 빵은 하루 두 번 굽기도 한다. (맨 오른쪽 아래) 선반 뒤쪽에 보이는 주방에서 빵을 굽는 고바야시 씨.

01. 코메트(1,280엔)는 1/4사이즈(320엔)부터 판매한다. 홈파티 등의 선물용으로 좋다. **02.** 토스트 한 코메트로 만드는 **타르틴**은 눈까지 즐겁다. 각 350엔.

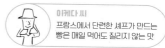

아케다 씨
프랑스에서 단련한 셰프가 만드는 빵은 매일 먹어도 질리지 않는 맛

코메트 Comète

📞 +81-3-6435-1534 📍 港区三田 1-6-6 🕐 10:00〜19:00 📅 일 · 월요일
🚇 지하철 아자부주반역 3번 출구에서 걸어서 5분
🌐 boulangeriecomete.stores.jp f boulangeriecomete 📷 @boulangerie.comete

08. 블랑제리 레칸

BOULANGERIE L'écrin

긴자 레칸의 빵을 테이크아웃하다

전통과 혁신. 기쁨을 주는 빵

클래식한 블루 색상에 로브마이어(LOBMEYR)* 샹들리에가 빛나는 프렌치 레스토랑 '로티스리 레칸(Rotisserie L'écrin)'에 병설된 블랑제리 레칸. 지금까지 레칸 계열 레스토랑에서만 맛보던 빵을 살 수 있게 되어 매일 많은 사람이 찾는다.

처음에는 계열사를 중심으로 긴자 인근의 레스토랑에만 빵을 제공했으나, 빵을 사고 싶다는 고객의 요청이 많아지면서 전문점을 열게 되었다고 한다. 바게트와 비에누아즈리 같은 프렌치 스타일의 빵을 30가지 정도 판매한다. 원산지 한곳만 고집하지 않고 일본, 프랑스, 캐나다, 미국 등 다양한 원산지의 밀가루를 사용한다. 먹었을 때 느껴지는 맛과 밀의 향, 식감을 전부 고려해서 준비했다.

빵의 맛과 크기, 종류 등 밀려드는 다양한 요청에 진지하게 귀를 기울여서, 고객들이 좋아할 만한 빵을 만들기 위해 매일같이 매진하고 있다. 앞으로도 전통과 역사의 프렌치 레스토랑 '레칸의 빵'을 계승하는 한편 프렌치 타입 이외의 장르에도 도전해 나갈 계획이다.

*오스트리아의 조명 및 글라스의 메이커

01   02   03

01. 포도 껍질 퓨레를 넣어 반죽한 레드와인 **캉파뉴**와 밤(378엔)은 밤과 포도의 고급스러운 단맛과 향이 인기다. **02. 무화과 뤼스티크**(226엔)는 말린 무화과에서 우러난 천연의 단맛이 일품이다. **03.** 일본산 밀을 섞어 만든 **프티 바게트**(280엔).

이케다 씨
기백 넘치는 셰프가 만든 바게트는 끝까지 고소한 밀내음이 난다.

블랑제리 레칸
BOULANGERIE L'écrin

+81-3-5565-0780 中央区銀座 5-11-1 10:30〜21:00 화요일(첫째, 셋째주), 수요일 ※변경 가능성 있음
지하철 긴자역 A5 출구에서 걸어서 2분 lecringinza.co.jp/boulangerie boulangerinlecrin

긴자 레칸을
대표하는 바게트

일본과 프랑스산 밀가루로 만든 바게트 3
종. 향이 진하고 겉껍질의 식감과 입안에서
녹는 맛이 정말 좋다. 레스토랑 메뉴로 제
공되는 빵은 정기적으로 종류를 변경한다.

L'écrin
Petite Baguette Quotidien
国産小麦のプティバゲット
国産小麦をブレンドしたプティバゲット。
味わい深く仕上げた食べやすい...

L'écrin
Baguette Traditionnel
フランス産小麦のバゲット
フランス産小麦をブレンドしたバゲット
香り高く仕上げた定番のバゲットです。

빵 외에도 사블레와 쿠키, 잼 같은
레칸 오리지널 디저트도 판매한다.

파티시에 출신 스도 히데오 오너 셰프가 만드는 데니쉬와 퀸 아망 등의 달콤한 빵도 스도의 매력이다.

카라멜리제가 일품이다!

09. 블랑제리 스도
Boulangerie Sude

식빵은 한 달 전에 예약해야한다.

단골을 사로잡는 매혹적인 식빵

쇼인 신사(松陰神社) 근처에 있는 인기 베이커리이다. 간판 상품인 '세타야마 식빵'과 '세타가야 식빵'은 인기가 너무 많아서 그날의 예약 수량을 맞추기에도 바쁜 지경이다. 여분으로 굽는 1~2개 정도만 매장에서 판매된다. 운이 좋으면 오전과 오후, 하루에 두 번 빵 나오는 시간에 미리 매장에서 기다리다가 살 수도 있다.

수분율 70%의 식빵은 식감이 부드럽고 토스트로 만들면 겉면이 바삭하다. 이 맛에 반해서 다른 식빵은 거들떠 보지도 않게 되었다는 단골이 있을 정도다. 안심하고 구매하려면 예약이 필수지만 혹시 사지 못하더라도 낙담할 필요는 없다. 세타가야 식빵에 벌꿀과 버터를 듬뿍 발라 바삭하게 캐러멜라이즈 한 '허니 토스트', 그리고 식빵과 같은 반죽으로 만드는 쿠페빵에 발효버터를 넣은 '앙버터'로도 그 맛을 충분히 느껴볼 수 있다. 두 가지 모두 빵이 나오는 오전 시간에 대부분 완판된다.

아침에는 팽 오 쇼콜라와 티라미수 같은 달콤한 빵이 더 많다. 주목받는 식빵 하나에 안주하지 않는 스도의 심오한 맛의 세계에 충분히 만족할 만하다.

01   02   03

구움과자는 20가지 정도, 생과자 포함 약 60종류의 상품이 빼곡하다.
01. 허니 토스트(302엔). **02.** 홋카이도산 발효 버터와 도카치산 팥앙금을 듬뿍 넣은 **앙버터**(367엔). **03.** 크루아상 반죽에 홋카이도산 마스카르포네 치즈를 아김없이 사용한 **크루아상 티라미수**(486엔).

아케다씨
반짝반짝 데니쉬와 군더더기 없는 식빵 어느 것도 놓칠 수 없다!

블랑제리 스도
Boulangerie Sude

📞 +81-3-5426-0175 📍 世田谷区世田谷 4-3-14 🕙 10:00~19:00 📅 일 · 월요일, 화요일 (비정기적)
🪑 매장 앞 벤치 🚶 도큐 세타가야선 쇼인진자마에역에서 걸어서 1분 📘 BoulangerieSudo 📷 @boulangerie.sudo

10. 365일

365日

베이커리의 틀을 뛰어넘은 베이커리

가만히 앉아
빵과 커피를 음미한다.

(왼쪽부터) 365일×브리오슈(183엔)와 호밀 반죽에 말린 왕머루를 한가득 넣은 **비뉴×크림치즈**(248엔). 커피(486엔)는 주인이 직접 로스팅한 오리지널 블렌드 '타입 365일'. 차례차례 구워져 나오는 빵을 바라보면서 즐거운 시간을 보내고 싶다.

빵 프로페셔널이 빚어내는 혁신적인 빵

요요기공원 인근에 자리한 혁신적인 베이커리이다. 이곳에서 추구하는 콘셉트 '食+食-食×食÷食' 안에는, '식자재를 조합해서 새로운 발견을 하고, 넘치는 것은 생략해서 재료 본연의 맛을 끌어내어 상승효과를 일으킨다. 그리고 소중한 사람과 함께 나누며 즐긴다.'는 식사에 대한 가장 기본적인 철학이 담겨있다.

스기쿠보 아키마사 오너 셰프는 음식 프로페셔널이다. 프랑스 미슐랭 스타 레스토랑과 파티세리, 인기 베이커리 등을 거쳐 전국 각지에서 베이커리 컨설팅을 하고 있다.

자국산 식자재를 고집하며 무첨가로 안심하고 먹을 수 있는 것을 찾아 전국을 직접 돌아다니며 엄선했다. 또한 햄과 말린 과일 등도 손수 가공한다.

쇼케이스에는 약 50종류의 라인업이 준비되어 있다. 밀가루부터 우유, 버터까지 전부 홋카이도산 재료로 만드는 '홋카이도×식빵'과 부드럽고 풍부한 맛을 즐길 수 있는 '365일×브리오슈' 등 하나같이 독창적인 것들뿐이다. 맛있을 때 다 먹을 수 있도록 모든 상품의 사이즈를 작게 만든다.

한 잔씩만 드립하는 커피와 와인을 먹을 수 있는 공간도 있다. 또한 직접 만든 콩피튀르와 절임식품 등 전국 각지에서 엄선한 식품 및 빵칼 등의 조리기구도 판매한다. 베이커리라는 기존의 틀에서 벗어나 음식과 빵을 즐기는 새로운 스타일을 제안한다.

01

02

01. 카눌레(216엔). 사과로 만든 브랜디 칼바도스와 바닐라의 진한 풍미가 퍼진다. 티타임에 곁들이기 좋다. **02. 애플 크럼블**(259엔). 직접 반건조한 제철 사과를 사용. 겉면에 뿌린 사박사박한 쿠키 반죽이 식감을 살려준다.

이케다 씨
먹는 일과 사람을 생각한 애정 듬뿍 빵에 쓰러짐!

365일

365日

+81-3-6804-7357 渋谷区富ケ谷 1-6-12 7:00~19:00 2월 29일, 비정규 휴일

6석 지하철 요요기코엔역 1번 출구에서 걸어서 1분 365jours.jp 365joursTokyo

산형 식빵

사각 식빵

바게트

크루아상

식사빵&디저트빵

데니쉬&페이스트리

카레빵

고로케빵

야키소바빵

쿠페빵 샌드위치

Chapter

3

BREAD ALL STAR

기본 빵,식사빵, 디저트빵, 조리빵까지 빵★올스타

화려하게 장식한 빵, 특징을 속에 숨겨둔 빵, 재료와 찰떡궁합인 빵.
각양각색 빵마다 개성도 만점! 좀 더 자세히 알기 위해 그 속을 들여다보았다!

Part.1

빵의 정석, 이것이 빵이다.
최고의 인기 빵 완전 해부!

우리의 식생활에 점점 자리 잡게 된 빵.
절대 빠질 수 없는 대표 주자 4종 심층 분석!
정말 이렇게 개성이 다양하네요!

※완성품의 사이즈, 무게는 조금씩 달라진다.

부드러운 식감이
마치 영국 신사처럼 젠틀하다

산형 식빵
(둥근 식빵)

영국에서 시작된 식빵이다. 빵틀에 뚜껑을 덮지
않아서 반죽에 직접 불이 닿기 때문에 윗면이 봉
긋하게 부풀어 오른다.

○ 놀랄 정도로 살살 녹는다.

블랑제리 스도의
세타야마 식빵

맥주 효모로 배양한 자가제 발효종을 사용한다. 일반 식빵보다 수분이 훨씬 많은 반죽을 정성껏 빚어낸 셰프의 대표작이다. 구매하려면 미리 전화나 방문해서 예약해야 한다.

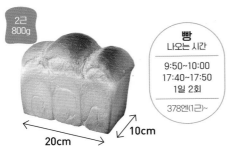

2근
800g

빵
나오는 시간

9:50~10:00
17:40~17:50
1일 2회

378엔(1근)~

20cm
10cm

보드라운 속살에 완전히 반하다.
은은한 단맛과 입에 넣으면 가볍게
녹는 부드러운 식감.

근(斤)은 식빵의 무게를 말할 때 일본에서 사용하는 단위로 보통 한 봉지 340~500g 사이이다.

Cut!!

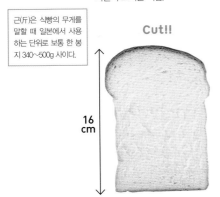

16
cm

other
세타가야 식빵 | 378엔(1근)~
세타야마 식빵과 같은 반죽으로 만드는 사각 식빵. 합해서 1인당 4근까지 예약이 가능하다.
※사진은 2근 분량

블랑제리 스도 → p.54

○ 핵심은 크림

365일의
후쿠오카×식빵

후쿠오카산 밀가루와 생크림으로 만든 식빵. 촉촉하면서 씹을수록 적당한 단맛이 느껴진다. 껍질 부분은 바삭하고 속살은 말랑하며 결이 부드러워서 입안에서 살살 녹는다.

1근
260g

빵
나오는 시간

7:00 / 13:00
1일 2회
때에 따라 달라진다.

199엔(1/2근)~

6cm
14cm

혀에 감기는 부드러움
토스트로 구우면 바삭한 식감과
부드러운 감촉이 절묘하게 어우러진다.

Cut!!

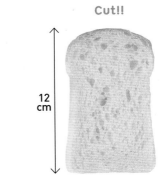

12
cm

other
365일×식빵 | 167엔(1/2근)~
버터의 맛과 향을 제대로 느낄 수 있는 식빵. 적당히 탄력 있다.
※사진은 1근 분량

365일 → p.56

○ 자가제 효모가 구수하다

엔쓰코도 세이팡의
엔쓰코 토스트

홋카이도산 밀과 자가제 효모로 굽는다. 발효 버터와 생크림을 더해서 그냥 먹어도 풍미가 좋다. 요일 한정 건포도 식빵과 전립분, 현미를 사용한 식빵도 있다.

○ 토스트를 위한 빵

오레노 베이커리 앤드 카페 마쓰야긴자 우라의
산형 식빵

엄선한 프랑스산과 캐나다산 밀을 혼합해서 화이트와인 발효종을 넣고 구운 세미 하드계열의 산형 식빵이다. 겉은 바삭! 속은 폭신! 두 가지 식감을 동시에 즐긴다.

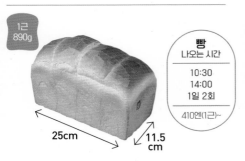

1근 890g

빵 나오는 시간
10:30
14:00
1일 2회
410엔(1근)~

25cm   11.5cm

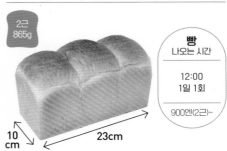

2근 865g

빵 나오는 시간
12:00
1일 1회
900엔(2근)~

10cm   23cm

올빼미 모양 불도장
바게트와 비슷한 식감의 빵 껍질과 탄력 있는
속살. 자가제 효모를 넣어서 산미가 있다.

쫄깃한 식감을 토스트로 만끽
바삭한 식감과 구수하면서
푸근한 밀의 풍미에 중독되는 맛.

Cut!!

17cm

Cut!!

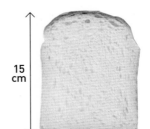

15cm

other
시라카미 하루유타카 식빵
| 430엔(1근)~
야생효모인 시라카미코다마 효모
와 하루유타카 밀을 사용해서 빵
에서 단맛이 돈다.
※사진은 2근 분량

other
긴자 식빵 카오리 | 1,000엔(2근)~
부드럽고 쫄깃하면서 단맛이 나는
식빵. 굽기 전에 먼저 맛을 보자.
※사진은 2근 분량

엔쓰코도 세이팡 → p.140

오레노 베이커리 앤드 카페 마쓰야긴자 우라 → p.193

그냥 먹어도 구워 먹어도 다 맛있다.
소박하지만 제대로인 식빵

사각 식빵

틀에 뚜껑을 덮고 구워서 밀도가 높은 식빵이다.
속살은 쫄깃하고 촉촉하며 테두리는 바삭하다.

○ 밀도가 높아서 중량감 충만!

펠리칸의
사각 식빵

밀의 특징을 살려서 심플하게 배합하여 만든 사각 식빵.
조직이 촘촘하고 매끄러우면서 중량감이 느껴진다. 맛이
부드럽고 밀 향기가 고소하다. 구우면 식감이 말랑해진다.

Cut!!

빵
나오는 시간

8:00~
오픈 시간 이후
유동적

430엔(1근)~

누른다!

균일하고 촘촘한 속살
조직이 치밀한 속살은 탄력이 있고
촉촉하며 결이 매끄럽다.

만진다!

테두리까지 맛있는 비결은 수분!
적당히 탄력 있는 테두리는 하루가 지
나면 빵 속의 수분이 전체로 퍼지면서
식감이 더 풍부해진다.

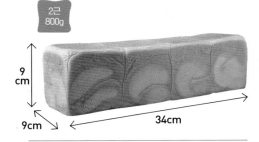

2근
800g

9
cm

9cm

34cm

펠리칸 → p.143

Cut!!

빵
나오는 시간

12:00
1일 1회

280엔(1근)~

○ 놀랍도록 부드러운 속살

아오산의
사각 식빵

장시간 발효해서 입에 넣자마자 사라질 정도로 부드럽
다. 3종의 국산 밀을 혼합하여 자가제 효모로 발효한 뒤
구워서 단맛이 있고 풍미도 진하다. 그냥 먹어도 맛있다.

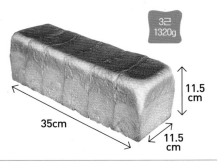

3근
1320g

11.5
cm

35cm

11.5
cm

아오산 → p.42

누른다!

맛의 비밀은 폭신폭신한 속살
폭신하고 결이 촘촘한 속살은
손가락이 파묻힐 정도로 부드럽다.

만진다!

쫄깃쫄깃한 테두리! 끝까지 맛있다
테두리까지 촉촉하고 부드럽다.
눌러도 금방 회복될 정도로 탄력이 있다.

○ 촉촉하고 매끄러운 반죽

치쿠테 베이커리의
식빵 (대)

우유와 발효버터, 사탕수수설탕, 자가제 효모인 건포도 발효종과 르방 리쿼드를 사용해서 보통 식빵보다 곱절이나 많은 반죽을 구워낸다. 콧속으로 퍼지는 밀 향기가 특징이다.

Cut!!

빵
나오는 시간

11:30
1일 1회

440엔 (1근)~

누른다!

얇게 썰어도 느껴지는 중량감
무게를 들고 상상한 그대로 손가락이 튕겨져 나올 듯이 차지고 탄력 있다.

만진다!

보통의 식빵과는 완전히 다른 촉감
결이 곱고 촘촘해서 손에 착착 달라붙는 느낌이다.

2근
1158g

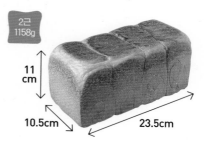

11 cm

10.5cm

23.5cm

치쿠테 베이커리 → p.30

Cut!!

빵
나오는 시간

8:00 / 10:30
12:30
1일 3회

330엔(1근)~

3근
1440g

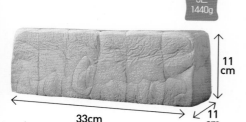

11 cm

33cm

11 cm

고무기토코보 하마다야 산겐자야 본점 → p.138

○ 양식과 일식에 모두 잘 어울린다

고무기토코보 하마다야 산겐자야 본점의
식빵

비교적 높은 온도에서 짧은 시간 숙성하기 때문에 심플하면서도 균형 잡힌 맛이 난다. 결이 치밀하고 먹으면 밀향과 단맛이 느껴진다. 식감이 보드라워서 한입 먹으면 멈출 수 없다.

누른다!

손에 착 붙는 촉촉함!
새하얀 속살이 촉촉하고 말랑말랑하다. 누르면 적당한 탄력이 느껴진다.

만진다!

테두리까지 부드럽고 쫄깃쫄깃
겉면이 두툼한 편이지만 속살과 마찬가지로 쫄깃하고 부드럽다.

03

와인과도 잘 어울리는
프랑스가 자랑하는 만능 빵!

바게트

밀가루, 효모, 물, 소금만으로 만드는 심플한 빵.
맛도 소박하고 깔끔해서 오히려 만드는 사람의
개성이 두드러진다.

○ 적당히 부드러운 크러스트

토시 오 쾨르 뒤 팽의
바게트

빵
나오는 시간

6:00~
오픈 시간 이후
유동적

180엔

Cut!!

5
cm

파리에서 먹는 바게트를 재현해서 색이 연하고 부드러운 크러스트가
특징이다. 크러스트(빵 겉면)와 크럼(빵 속살)을 골고루 맛있게 먹을
수 있다. 일본산 밀로 만든 전통 바게트도 추천한다.

280g

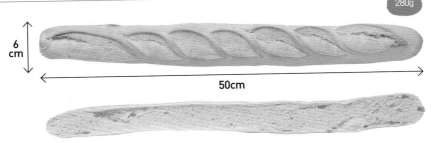

6
cm

50cm

부담 없이 먹을 수 있는 부드러운 크러스트
부드럽게 입에 닿는 겉껍질은 말랑하면서도
촉촉하고 깊은 맛을 낸다.

진한 밀가루의 향기
오밀조밀한 크럼.
이 바게트에만 프랑스산 밀가루를 쓴다.

토시 오 쾨르 뒤 팽 → p.46

───────────────────────────────

○ 낮은 온도에서 오랜 시간 발효한 빵

타구치 베이커리의
레트로 바게트

Cut!!

6
cm

빵
나오는 시간

9:00
1일 1회

298엔

수분이 많은 액종(발효액)을 사용하는 폴리시종법으로 약 36시간동안
저온에서 충분히 발효시킨다. 일본산과 프랑스산 밀가루를 혼합해서
씹으면 씹을수록 밀내음이 콧속까지 퍼진다.

240g

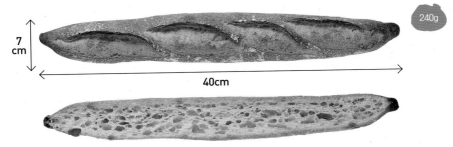

7
cm

40cm

굵직하고 묵직한 인상
쿠프를 네 개 넣어서 먹는 부분마다
다른 풍미를 즐길 수 있다.

빵 전체에 퍼진 기공에 주목
기공이 고르지 않은 내상은 발효가
잘 되었다는 표시

타구치 베이커리 → p.141

◦ 지상 최고의 향

소라토무기토의
바게트

야마나시현 호쿠토시에 소유하고 있는 농원에서 재배한 밀가루와 홋카이도산 밀가루를 혼합해서 사용한다. 베트남산 칸호아 소금과 천연수. 천연효모만 넣고 만든다. 수분율이 높아서 밀의 감칠맛을 최대한 끌어낸다.

빵
나오는 시간

10:00
1일 1회

300엔

Cut!!

270g

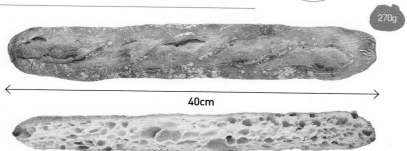

40cm

소라토무기토 → p.133

바삭하게 잘 구워진 크러스트
고수분 장시간 저온 발효로 크러스트가 바삭바삭하다. 씹으면 씹을수록 단맛이 퍼진다.

커다란 기공이 인상적
크럼은 촉촉해서 씹기 좋다. 단맛도 적당히 은은하다.

◦ 프랑스 출신 셰프의 역작

블랑제리 로라소의
바게트 로랑

프랑스인 점주 로랑 셰프의 전문분야다. 엄선한 여러 종류의 밀을 독자적으로 블렌드했다. 일본에서 구할 수 있는 식자재로 파리의 맛에 얼마나 다가갈 수 있을지 연구한다.

빵
나오는 시간

11:30 (토·일요일)
변경 또는 중지될 수 있음 / 1일 1회

357엔

Cut!!

5
cm

6
cm

250g

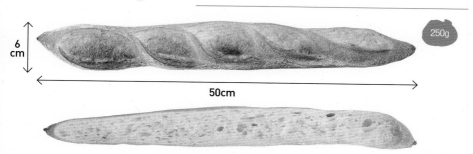

50cm

블랑제리 로라소 → p.157

바삭바삭 향이 좋은 크러스트
크러스트는 얇은 편이다. 5개의 쿠프를 따라서 굽기와 식감이 조금씩 다른 것도 재미있다.

절묘하게 쫄깃쫄깃한 식감
바삭바삭한 겉껍질과는 반대로 속살은 아주 쫄깃쫄깃하다. 씹을 때마다 밀내음이 퍼진다.

비에누아즈리 가운데
절대적 제왕으로 자리매김

크루아상

버터를 넣은 반죽을 여러 겹으로 접어서 구운 초
승달 모양의 빵. 바스락거리는 식감이 최고의 매
력이다.

○ 100% 에쉬레 버터를 체감한다!

에쉬레 메종 뒤 뵈르의
크루아상
에쉬레 트라디시옹

매혹적인 향과 요구르트 같은 상큼한 산미의 에쉬레
버터를 넣은 크루아상. 충분히 구워서 고소한 향과
에쉬레 버터의 진한 풍미를 즐길 수 있다.

비공개

○ 가벼운 발효 버터

메종 카이저 카페 마루노우치점의
크루아상

오리지널 발효 버터를 사용해서 향이 진한 크루아상.
버터의 향도 너무 무겁지 않고 가벼운 편이다. 바스
락거리는 껍질과 촉촉한 속살의 밸런스가 절묘하다.

50g

8.8 cm

16cm

○ 버터의 황금 비율

블랑제리 파티세리 비롱 시부야점의
크루아상

프랑스산 발효버터와 에쉬레 버터, 레트로도르 밀가
루로 만든 향이 풍부한 크루아상. 특유의 짭조름한
맛과 겉껍질의 씁쓸함, 그리고 은은한 단맛의 밸런스
가 훌륭하다.

60g

10 cm

15cm

○ 겹겹이 쌓이는 아름다움

블랑제 시부야점의
크루아상

도톰한 반죽 층이 예쁘게 겹친 모양을 볼 수 있다. 입
에 넣었을 때 퍼지는 버터의 맛과 파삭파삭하게 씹히
는 느낌은 단연 최고다. 식감이 가벼우면서도 존재감
이 큰 크루아상이다.

60g

9 cm

16cm

Cut!!

비공개

SIDE

빵
나오는 시간

10:00~ 오픈 이후,
적절하게 조절
(한정수량 매진 시 판매 종료)

368엔

주인공은 버터라는 자신감
에쉬레 버터의 진하고 풍부한 감칠맛이 인기.
적당한 중량감도 느껴진다.

에쉬레 메종 뒤 뵈르 → p.144

Cut!!

6.3
cm

SIDE

빵
나오는 시간

날마다 달라진다.

216엔

조금 큰 사이즈의 마름모꼴
공기층도 균일하고 속살은 촉촉하다.
쫄깃하게 씹는 맛도 있지만 식감은 가벼운 편이다.

메종 카이저 카페 마루노우치점 → p.197

Cut!!

6
cm

SIDE

빵
나오는 시간

기본 2회
그 이상은
날마다 달라진다.

367엔

노르스름하게 잘 구워진 동그란 모양
고소한 빵내음과 버터의 단맛을 느낄 수 있고
식감은 가볍지만 포만감이 든다.

블랑제리 파티세리 비롱 시부야점 → p.189

Cut!!

6
cm

SIDE

빵
나오는 시간

7:30 / 10:00 / 13:00
15:00 / 17:00 / 1일 5회
(날마다 달라진다)

194엔

켜켜이 층이 진 아름다운 단층
반죽은 도톰한 편. 공기층이 많아서 폭신하고 가볍다.

블랑제 시부야점 → p.145

Part.2

장인의 기술이 빛난다

필링과 테크닉으로 사로잡는 빵 41

누구나 한 번쯤 먹어본 평범한 재료도 베테랑 장인의 손을 거치면 화려한 빵으로 변신한다.
존재감이 확실한 주인공들을 소개한다. (*Food : 식사빵 / Sweets : 디저트빵)

Food

치킨 탄도르 329엔
그뤼에르 치즈와 향신료로
밑간한 자극적인 맛의
치킨을 넣었다.
볼륨감도 만점이다.

in 탄두리 치킨&치즈

Food

베이컨 치즈 에피 289엔
고소하고 바삭바삭한 치즈에
입맛이 돈다. 베이컨과 치즈의 짭조름한
감칠맛은 술과도 궁합이 맞는다.

Sweets

트로피컬 망고 367엔
애플망고와 망고 커스터드
크림을 아낌없이 넣었다.
부드럽고 아삭한 맛을
즐길 수 있다.

on 망고&망고크림

in 베이컨&치즈

in 건포도&크림치즈

블랑제리 세이지 아사쿠라 BOULANGERIE SEIJI ASAKURA

파리에서 경력을 쌓은 빵 장인의 가게
프랑스의 길모퉁이에서 마주칠법한 멋진 자태의 프렌치 베이커리 블랑제리
(bolulangerie). 4평 정도밖에 되지 않는 작은 점포에 3종류의 자가제 효모로 만
든 맛있는 빵이 다양하게 준비되어 있다.

📞 +81-3-3446-4619 📍 미나토구 다카나와 2-6-20 아사히다카나와 맨션 104호
🕐 9:00~17:30 📅 토·일 🚇 지하철 다카나와다이역 A1 출구에서 걸어서 10분 📘 @
BOULANGERIE-SEIJI-ASAKURA 📷 @boulangerie_seijiasakura

Sweets

프로마주 레쟁 297엔
포도 천연 발효종을 사용했다.
듬뿍 넣은 건포도와 크림치즈를
쫄깃하고 부드러운 반죽이 감싸고 있다.

in
버터&아몬드가루

in 참깨&치즈

Food

참깨 치즈 180엔

먹자마자 치즈와 검은깨의 진한 향이
입안에 퍼진다. 바삭바삭 식감도 좋아서
와인 안주로 최적이다!

Sweets

진짜 맛있는 멜론빵 150엔

프랑스산 발효버터를 넣어 만든
쿠키반죽은 바스러질만큼 부드럽고
풍미가 진하다. 아래쪽 브리오슈는
말랑하고 부드럽다.

in 초콜릿과
커스터드 크림

지가바이센 코히 팡야 카페 로콰체

自家焙煎珈琲パン屋カフェ loqu@ce

소프트계열 빵과 조리빵이 인기!
내추럴한 분위기의 매장 안에는 좌석 공간도 있어서 느긋
하게 여유를 즐길 수 있다. 아이부터 어른까지 모두가 즐
길 수 있는 다양한 상품 구성과 맛은 물론 적당한 가격대
도 인기 요인의 하나이다.

📞 +81-3-5984-3103 📍 練馬区栄町1-8 小間屋ビル1F ⏰
9:30~21:00 🚫 목요일 💺 18석 🚇 세이부 이케부쿠로선 에코다역
남쪽 출구에서 걸어서 2분

Sweets

고토리빵 150엔

우유를 사용한 부드러운 식감의
버터롤에 초콜릿과 커스터드 크림이
들어간 달콤한 빵.

고토리팡 コトリパン

상점가의 작은 빵집
4~5명이 들어가면 꽉 차는 매장 안이 빵으로 가득하다.
매일 먹어도 질리지 않는 하드계열 빵, 조리빵, 단과자빵,
구움과자 등 100가지도 넘는 다양한 빵이 준비되어 있다.

📞 +81-3-6240-3626 📍 江東区福住 2-7-21 ⏰ 08:00~17:00
🚫 월요일 💺 18석 🚇 지하철 기요스미시라카와역 A3 출구에서
걸어서 15분 📷 @cotori_pan 📷 @cotoripan

on
달걀과 햄

Food

햄타마고 150엔

햄 위에 반숙란과
치즈를 올렸다.
화이트소스를 발라 크리미하다.
식빵이 재료를 잘 받쳐주고 있다.

Food

**팽 프로방살
오 프로마주 에 아 토마토** 290엔

세이지와 로즈마리 향이 난다.
흑후추와 치즈가 들어간 반죽에
세미 드라이 토마토를 듬뿍 넣었다.

in
견과류&크랜베리

Food

바통 450엔

4종류의 후추를 뿌린 반죽과
새콤달콤 크랜베리,
고소한 견과류가 훌륭한
조화를 이룬다.

in
세미 드라이 토마토&치즈

on
초콜릿&오렌지 필

Sweets

쇼콜라 에 오랑주 480엔

초콜릿과 오렌지 필이 달콤
쌉싸래하게 어우러진다.
고소한 아몬드가 맛에
악센트를 준다.

in
딸기, 블루베리, 백도

라트리에 드 플레지르
L'atelier de Plaisir

개성 넘치는 하드계열 베이커리
다양한 하드계열 빵이 가득한 베이커리. 오픈 스타일의 매
장에 맷돌을 두어 직접 밀을 빻고, 자가 배양한 발효종으
로 빵을 만든다. 요일별 한정 빵도 있으니 놓치지 말 것!

☎ +81-3-3416-3341 ⊙ 世田谷区砧 8-13-8 ⊕ 12:00~19:00
(매진 시 영업종료) 🗓 일·월·목요일 🚃 오다큐선 소시가야오
쿠라역에서 걸어서 5분 ⊕ plaisir1999.com

Sweets

스페셜로즈 4엔/그램 당

식용장미로 키운 발효종으로
만들었다. 장미향이 나는 반죽에
베리류와 백도를 넣었다.

in 초콜릿

in 베이컨

Sweets

팽 오 쇼콜라 300엔

식감이 바삭바삭하고 가볍다.
단맛이 적은 프랑스산
초콜릿 스틱을 넣었다.

Food

베이컨 에피 380엔

장시간 발효해서 차진
바게트 반죽에 짭조름한
베이컨이 빈틈없이 들어가 있다.

피에르 가니에르 팽 에 갸토
Pierre Gagnaire Pains et Gateaux

프렌치의 거장이 만든 파티세리

피에르 가니에르가 프로듀싱 한 파티세리 전문점이다. 프
랑스산 밀가루와 버터 등 원재료의 일부를 현지에서 직수
입하여 파리의 레스토랑 본점에서 제공하는 빵에 가깝게
만든다.

📞 +81-3-3505-1111 📍 港区赤坂 1-12-33 ANAインターコン
チネンタルホテル東京 2F 🕐 7:00~22:00, 토 · 일요일 · 공휴일
~20:30 📅 연중무휴 🚇 지하철 다메이케산노역 13번 출구에서
걸어서 1분

in 벨기에 초콜릿 크림

Sweets

어른의 소라빵 185엔

벨기에산 초콜릿 크림으로
속을 채운 소라빵은 단맛이 적고
쌉쌀해서 질리지 않는다.

in 호두&고르곤졸라

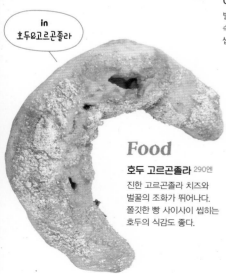

Food

호두 고르곤졸라 290엔

진한 고르곤졸라 치즈와
벌꿀의 조화가 뛰어나다.
쫄깃한 빵 사이사이 씹히는
호두의 식감도 좋다.

퀴뇽
キィニョン

빵도 매장도 초절정 러블리!

벽 한쪽에 귀여운 일러스트를 그려 넣은 러블리한 매장이
다. 빵 외에도 스콘과 구움과자 등을 판매한다. 카페 공간
에서는 음식뿐만 아니라 그림책 낭독회도 열린다.

📞 +81-42-323-8039 📍 고쿠분지시 미나미초 2-11-19 🕐
10:00~20:30 📅 수요일 💺 12석 🚇 国分寺市南町 3-20-3国分
寺マルイ1F 食遊館 🌐 quignon.co.jp

in
이요칸 귤껍질과 초콜릿 칩

Sweets

미카즈키 브리오슈 240엔

폭신폭신하고 달콤한 빵에
상큼한 맛의 이요칸 귤껍질과
쌉쌀한 초콜릿 칩이 들어있다.

Food

자가제 참치와 우엉 샐러드를 넣은 치아바타 샌드위치 400엔

황새치로 직접 만든 참치 통조림을
듬뿍 넣어서 볼륨감 만점이다.
토핑으로 곁들인 아삭아삭한
연근도 맛있다.

sand
참치를 넣은
우엉 샐러드&연근

Sweets

일본산 유자와 화이트 초코 빵 220엔

우유로 반죽한 빵에 상큼한 일본산
유자 필과 화이트 초콜릿을 넣어
촉촉하고 폭신하다.

in
유자 필&화이트 초콜릿

Food

엄선한 야채 포카치아 400엔

나가노현 나카조무라에 있는
마고코로 후레아이 농원
(まごころ・ふれあい)에서
특별하게 키운 채소와
가마쿠라의 채소를
꾹꾹 눌러 담아 구웠다.

on
로마네스코 브로콜리와
양파 등 채소가 풍성

미카즈키도 ミカヅキ堂

계열 매장에서 사용하는 식자재도 맛볼 수 있다
산겐자야에서 인기를 얻은 양식집 '요롭파 쇼쿠도(유럽 식
당)'에서 빵 매장을 열었다. 직접 만든 속 재료를 사용한 샌
드위치와 제품명에 상호를 넣은 미카즈키 브리오슈. 자가
제 효모빵 등 갓 구운 빵을 제공한다. 계절마다 달라지는
상품구성도 체크해보자.

📞 +81-3-6453-4447　📍 世田谷区太子堂 4-23-7　🕐
10:00~19:00　📅 수요일　🚶 도큐 덴엔토시선 산겐자야역 북쪽 A
출구에서 걸어서 4분　📷 @mikadukido0704

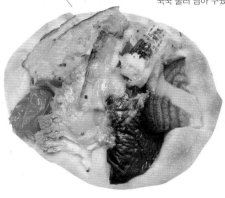

in
초코×초코

in
프랑크푸르트 소시지&슈크루트

Food

슈크루트 소시지 320엔
프랑크푸르트 소시지에 초절임
양배추를 곁들였다. 술안주로 제격이다.

Sweets

그리오토 430엔
생 초콜릿으로 반죽하고
초콜릿 칩과 체리를 넣어 구웠다.
초콜릿 풍미가 진한 빵이다.

Sweets

로부숑 크림빵 313엔
달콤한 브리오슈와 견줄 만큼
진한 커스터드 크림은
먹자마자 바닐라 향으로
입안을 채운다.

on
커스터드 크림

그리오토 griotte

빵과 본격 요리의 하모니
프랑스 출신 셰프가 운영하는 베이커리 겸 카페. 아마자케
라는 감주(단맛의 술)로 효모를 빚어 만드는 바게트를 비롯
해서 종류를 넘나드는 빵을 선보인다. 지하 공간에 좌석도
있다.

📞 +81-3-6314-9286 📍 目黒区東が丘 2-14-12 🕐
8:00~19:00 📅 월요일 💺 10석 🚃 도큐 덴엔토시선 고마자와
다이가쿠역 동쪽 출구 · 고마자와 공원 출구에서 걸어서 7분 🌐
griotte.jimdo.com

르 팽 드 조엘 로부숑 Le Pain De Joël Robuchon

로부숑의 갓 구운 빵을 가까이에서
2016년 '뉴우먼(NEWoMan)'에 문을 연 레스토랑 '조엘 로
부숑'에서 운영하는 베이커리. 밤 9시 30분까지 영업하고 역
과도 가까워서 접근이 편리하다. '조엘 로부숑'의 요리에서
아이디어를 얻은 빵이 호평을 얻고 있다.

📞 +81-3-5361-6950 📍 新宿区新宿 4-1-6 🕐 8:00~21:30 📅
시설 휴관일 🚃 JR 신주쿠역 미라이나타워 개찰구에서 바로 연
결 🌐 robuchon.jp

in
소고기 볼살 조림

Food

소고기 볼살 로쉘 421엔
육수와 맥주에 볶은 양파,
셀러리, 소고기 볼살을 넣고
고기가 풀어질 정도로 푹 졸인 일품.

Sweets

라 무나 레몬 216엔

브리오슈 반죽에 코코넛 머랭을
올려서 포근한 식감.
레몬 필의 향이 은은하게 피어오른다.

in
통팥&크림치즈

on
폭신폭신한 머랭

Food

안초비 베이컨
세미 드라이 토마토 270엔

안초비와 베이컨과
드라이 토마토의 삼파전.
치즈로 맛을 더한 빵은
든든한 포만감을 준다.

Sweets

시로카네 단팥빵 227엔

크림치즈와 반건조 살구.
통팥을 넣은 단팥빵.
살구가 씹히는 식감이 좋다.

on
안초비&베이컨
&드라이 토마토

on
치킨

킨무기

金麦

풍미를 중시한 라인업이 정평

시로카네다이의 조용한 주택가에 자리한 베이커리. 매장
안은 맛있는 냄새를 풍기는 빵으로 가득하다. 가까운 곳에
공원과 미술관이 있어서 지나는 길에 들를 수 있는 편안함
이 좋다.

📞 +81-3-5789-3148 ⊙ 港区白金台 5-11-4 🕐 9:00〜19:00
(매진 시 영업종료) 📅 수요일 🚇 지하철 시로카네다이역 1
번 출구에서 걸어서 10분 ⊕ kinmugi.net 📷 @kinmugi.
shirokanedai

Food

치킨파이 292엔

버터가 터져 나오는 크루아상 위에
참깨 소스로 버무린 치킨을 올렸다.

Food

팽 슈 우메 에 프레 248엔

일식 스타일 조리빵이다.
치킨과 양파, 차조기 잎을
매실과육 소스로 버무린 속은
반찬으로도 손색이 없다.

on
치킨&차조기 잎
&매실과육

on
참치&마요네즈

Food

팽 슈 통 237엔

쫄깃한 빵 안에 진한 양념의
참치를 잔뜩 넣었다.
마요네즈도 듬뿍 뿌렸다.

in
햄&치즈

Food

하무치 334엔

바게트 반죽에 햄과 치즈를 넣었다. 바삭바삭한
크러스트가 중독성이 있다. 유즈코쇼*가 맛의 비결이다.

*유자후추. 큐슈 지방의 조미료

블랑제리 에 카페 만마노 요요기우에하라 본점
Boulangerie et Cafe MainMano 代々木上原本店

벨기에와 파리의 빵을 맛볼 수 있다

파리의 16구 조용한 주택가가 떠오르는 블랑제리 카페. 60종류가 넘는
세계 여러 나라의 빵을 준비한다. 프랑스어와 이탈리아어를 조합해서 만
든 가게이름에는 손을 맞잡고 하나로 이어지고 싶다는 소망이 담겨있다.

📞 +81-3-6416-8022 📍 渋谷区西原 3-6-5 🕐 8:00〜20:00 📅 화요일 🪑 13
석 🚇 오다큐·지하철 요요기우에하라역 북쪽 2번 출구에서 걸어서 1분 🌐
mainmano.jp 📘 @MainMano.yoyogiuehara 📷 @mainmano_foods

Sweets

크루아상 마롱 313엔

크루아상 반죽에 달게
조린 밤을 얹었다.
안에는 밤 크림이
가득 들어있다.

on
조린 밤

르 그르니에 아 팽
Le Grenier à Pain

파리에 본점을 둔 본격파

프랑스에 20개 이상의 점포를 운영하는 블랑제리의 일
본 1호점이다. 프랑스 본점은 파리의 바게트 콩쿠르에서
우승한 경력이 있다. 갓 구운 빵은 물론 키슈, 바게트 샌
드위치도 인기다.

📞 +81-3-3263-0184 📍 千代田区麹町 1-8-8 グランドメゾ
ン麹町 1F 🕐 8:00〜21:00, 토·일요일·공휴일 9:00〜20:00
📅 연중무휴 🚇 지하철 한조몬역 4번 출구에서 걸어서 1분

Sweets

모카 너트 쇼콜라 356엔

커피향 나는 초콜릿을
뿌린 볼륨감 있는 데니쉬다.
안에는 아몬드도 듬뿍 들어있다.

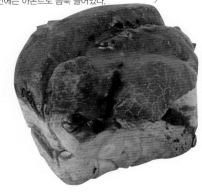
on
커피 초콜릿

◦ 보석처럼 빛나는 빵계의 아이돌

데니쉬
& 페이스트리

재료 조합에서 매장마다 다른 개성을
엿볼 수 있는 데니쉬와 페이스트리.
비주얼까지 공들인 빵을 소개한다.

on
2종류의 포도

포도 데니쉬 410엔
달콤한 포도 2종류와
커스터드의 하모니. 바스락거리는
데니쉬의 식감도 재미있다. C

on
다크 체리

on
믹스 베리

다크 체리 195엔
2종류를 블렌드한 크림과
가벼운 식감의 데니쉬.
그리고 새콤 달콤 다크 체리가
잘 어우러진다. A

**프루트 데니쉬
믹스 베리** 280엔
8가지 베리류를 올린 데니쉬.
레드커런트와 블랙베리가
커스터드와 크림치즈에
잘 어우러진다. B

마롱 데니쉬 410엔
빵 안에 밤으로 만든 마롱크림이
들어있다. 캐러멜라이즈 한 아몬드를
토핑해서 다양한 식감을 즐길 수 있다. D

on
무화과 페이스트

A 블랑제리 오베르뉴
Boulangerie Auvergne

**밀의 감칠맛을 끌어내는
정성 담긴 제조법**

유럽에서 먹는 하드 계열 빵
중심으로 구성된 베이커리 숍.
아침 7시에 오픈하며, 상품구
성도 310종류로 다양하다. 빵
외에 비스코티 등의 구움과자
도 많다.

📞 +81-3-3691-5102 📍 葛飾区
立石 6-5-7 🕐 7:00~19:00 📅 연
중무휴 🚃 게이세이 오시아게선
다테이시역에서 걸어서 15분 🌐
auvergne.jp/

B 푸르쿠르
pour-kur

**다양한 빵으로 가득한
베이커리**

자가제 효모를 넣고 저온에서
장시간 숙성한 빵으로 유명한
가게이다. 항상 갓 구워낸 빵을
제공하고자 굽는 횟수를 늘리
는 등 다양한 노력을 기울인
다. 제철 재료를 활용하기 때문에
계절마다 상품이 달라진다.

📞 +81-3-6300-5390 📍 渋谷区
代々木 1-28-9 🕐 8:00~19:00
🚫 월요일 🚃 JR・지하철 요요기
역 서쪽 출구에서 걸어서 3분 🌐
yoyogi-village.jp 📘 @pourkur 📷
@pourkur

C 오팡
Opan

계절을 느낄 수 있는 빵이 많다

간판에 그려진 파란색 셰프 모
자 일러스트가 귀여운 오팡. 하
드 계열부터 소프트 계열까지 정
성 들어간 빵이 가득이다. 눈
이 호강하는 계절 과일 데니쉬는
선물용으로도 많이 판매된다.

📞 +81-3-6407-8507 📍 渋谷区
笹塚 1-9-9 🕐 8:00~19:00
🚫 월・화요일 🚃 게이오선 사사즈
카역에서 걸어서 3분 🌐 opan-
bakery.com 📘 @opanbakery
📷 @opan_bakery 📷 @opan_
bakery

D 라 비 엑스퀴즈
La vie Exquise

지역밀착형 심플한 빵집

모두의 생활에 가까이 다가가는
스타일의 가게이다. 주택가 한복
판에서 몸에 좋은 무첨가 하드
계열 빵을 맛볼 수 있다. 매장
안은 군더더기 없이 심플하고
빵도 단정하게 진열되어 있다.

📞 +81-3-3304-2771 📍 世田谷
区船橋 5-32-7 🕐 9:00~20:00 🚫
화요일・첫째・셋째 주 수요일 🚃
오다큐선 교도역 북쪽 출구에서 걸
어서 15분 📘 @LavieExquise

마롱 데니쉬 270엔

커스터드와 밤 페이스트, 아몬드 크림, 속 껍질째 조린 밤을 겹겹이 쌓아올린 고급스러운 데니쉬. **F**

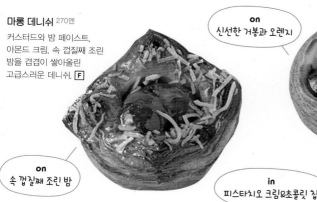

on
신선한 거봉과 오렌지

on
속 껍질째 조린 밤

in
피스타치오 크림&초콜릿 칩

데니쉬 상그리아 324엔

시나몬 등 향신료를 넣은 레드 와인에 절인 과일을 올려 구웠다. 칵테일에서 모티프를 얻었다. **H**

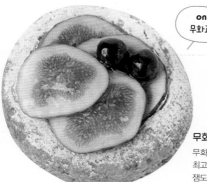

on
무화과

무화과 데니쉬 250엔

무화과와 커스터드 크림의 최고의 하모니. 직접 만든 무화과 잼도 좋은 포인트가 된다. **E**

에스카르고 쇼콜라 피스타치오 390엔

자가제 피스타치오 크림과 유기농 초콜릿을 넣었다. **G**

E 구루구루 베이커리
GURUGURU BAKERY

개성파에서 정통파까지

친숙한 식사 빵부터 데니쉬 등의 디저트까지 종류가 다양하다. '행운의 고양이꼬리' '시나몬 뱅글뱅글' 등 개성 넘치는 빵 이름에 미소가 번진다. 자가제 잼도 추천한다.

☎ +81-3-6410-5962 ◎ 大田区千鳥 1-3-8 ⏰ 7:00~19:00 📅 월·화요일 ◉ 도큐 이케가미선 지도리초역에서 걸어서 2분 ⊕ guruguru-bakery.at.webry.info

F 이토키토
itokito

비스트로의 경험이 녹아있는 빵

프렌치 레스토랑에서 경력을 쌓은 셰프의 빵집이다. 에스카르고 빵 등 독창적으로 조합한 조리빵이 명물이다. 계절 식자재를 이용해서 모든 재료를 수작업으로 만든 인기 샌드위치도 맛볼 수 있다.

☎ +81-3-3725-7115 ◎ 大田区北千束 1-54-10 佐野ビル 1F ⏰ 10:00~20:00, 토요일·공휴일은 ~19:00 📅 일·월요일 ◉ 도큐 오이마치선 오카야마역 정면 출구에서 걸어서 3분

G 리투엘 니혼바시 다카시마야 S.C.점
RITUEL NIHONBASHI
TAKASHIMAYA S.C.

프랑스의 전통 제조법을 경험한다

엄선한 밀가루와 달걀, 우유를 넣고 제철 과일로 계절감 있는 빵을 만든다. 대표 상품인 에스카르고 외에 크루아상과 식빵도 인기가 있다. 신주쿠와 다이칸야마에도 매장이 있다.

☎ +81-3-5542-1666 ◎ 中央区日本橋 2丁目5−1 高島屋SC新館 B1 ⏰ 7:30~21:00 (토·일요일·공휴일 10:30~20:30) 📅 비정기 휴일 (시설 휴관일) ◉ 지하철 니혼바시역 바로 연결

H 블랑제리 타테루 요시노 플러스
Boulangerie tateru
yoshino plus

레스토랑에서 시작된 본격파

호텔 내부 프랑스 레스토랑 '타테루 요시노 비즈(tateru yoshino bis)'의 블랑제리이다. 레스토랑에서 실제로 제공하는 빵을 판매한다. 구움과자와 케이크 등 40가지 이상을 만든다.

☎ +81-3-6252-1126 ◎ 港区東新橋 1-7−1 ⏰ 9:00~18:00 📅 토·일요일·공휴일 ◉ 지하철 시오도메역 7번·8번 출구 바로 연결 ⊕ tateruyoshino.com

Part.3

장인의 기술이 빛난다
다채로운 속재료가 가득한 조리빵

일본에서 시작된 조리빵은 누구나 한번쯤 먹어보았을 것이다.
3가지 스타일의 조리빵의 속을 들여다보자.

달콤한 것도 매콤한 것도
오랫동안 꾸준히 사랑받는 완벽한 빵
카레빵

원조 카레빵 194엔
고급 샐러드유, 면실유 등 식물성 기름으로
튀기기 때문에 몸에 좋은 빵이다.
카레 양념은 매운 맛을 줄여서 순하다.

실황!

집에서 만든거 같은 맛! A

가장자리는 바삭바삭, 속은 포근포근 B

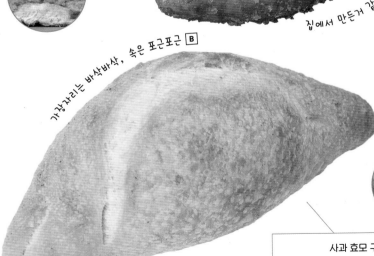

실황!

사과 효모 구운 카레빵 303엔
4가지 채소와 돼지고기를 삶아서 순한 맛 카레.
사과 효모 반죽은 밀내음이 구수하다.
여러 가지 식감이 나서 재미있다.

강한 양념 안에 부드러운 호박의 달콤함! C

실황!

실황!

산치노 카레빵 248엔
오븐에 익힌 호박이 신의 한 수. 일본산 혼합 다짐육과 단맛이 응축된 볶은 양파를 8가지 오리지널 양념에 버무렸다.

놀랄 만큼 깊은 맛. 감칠맛 가득! D

흑와규 카레빵 290엔
일본산 흑와규의 감칠맛이 특제양념과 잘 어울린다. 고기는 한입 크기로 큼직하게 썰었다.

A 카토레아 カトレア

*카틀레아(Cattlea)는 꽃이름이지만 빵집 이름으로는 '카토레아'로 발음한다.

카레빵의 시작은 바로 이곳
1927년에 양식(洋食) 빵으로 카레빵을 처음 등록한 카토레아*의 전신 메이카도(名花堂)는 1877년 창업했다. 카레빵은 매출의 30%를 차지하는 효자상품이다.

☎ +81-3-3635-1464 ◎ 江東区森下1-6-10 ◷ 7:00~19:00, 공휴일 8:00~18:00 🗓 일요일, 공휴일인 경우 월요일 ◭ 지하철 모리시타역 A7 출구에서 나오자마자 바로

B 에스트 파니스 est Panis

자가제 사과효모로 만드는 빵
10년 이상 키워 온 사과효모로 만든 빵은 맛이 순하다. 보수력이 좋아서(수분율이 높아) 식감이 쫄깃하고, 산미가 은은해서 아이들에게도 인기가 있다.

☎ +81-3-3721-5006 ◎ 大田区田園調布 2-23-4 ◷ 9:00~ (매진 시 영업 종료) 🗓 일요일 (비정기 휴일 있음) ◭ 도큐 도요코선·메구로선 덴엔초후역 동쪽 출구에서 걸어서 7분 ⊕ estpanis.com

C 산치노 SANCHINO

레트로 × 트렌드를 동시에 즐긴다!
친근한 맛으로 호평을 받는 베이커리이다. 옛날식 빵이나 일부 지방에서만 맛볼 수 있는 빵을 현대식으로 재해석하여 50~60종류 정도 만든다.

☎ +81-3-6303-4433 ◎ 目黒区碑文谷 4-1-1 ◷ 9:00~20:00 🗓 시설 휴관일 ◭ 도큐 도요코선 가쿠게이다이가쿠역 동쪽 출구에서 걸어서 10분 🅵 @sanchino1216

D 토요후쿠 豊福

연구와 노력이 맛으로 이어진다
아사쿠사 덴보인거리에 있는 카레빵 전문점이다. 카레의 핵심인 소고기는 채소와 와인을 넣고 8시간동안 익혀서 감칠맛과 깊은 맛을 끌어냈다.

☎ +81-3-3843-6556 ◎ 台東区浅草 2-3-4 ◷ 10:00~18:00 (매진 시 영업 종료) 🗓 비정기 휴일 ◭ 지하철 아사쿠사역 6번 출구에서 걸어서 3분

달콤하고 포근한 쿠페빵!

실횡!

고로케빵 300엔

쿠페빵 사이에 감자 식감이 살아있는
고로케를 끼워 넣었다.
양배추 같은 채소는 넣지 않고
겨자와 소스만 심플하게 뿌렸다.

조시야
Choushiya

원조 고로케 가게

1927년 창업했다. 고로케빵을 먹으려는 사람들의 행렬이
오랜 세월 이어졌다. 주문을 받고 즉석에서 만든다. 소스는
적당히 새콤하다.

📞 +81-3-3541-2982 📍 中央区銀座 3-11-6 🕐 11:00〜14:00,
16:00〜18:00 📅 토 · 일 · 월요일 · 공휴일 🚇 지하철 히가시긴자
역 A7 출구에서 걸어서 2분

든든하게 먹고 싶다면
역시 감자와 빵

고로케빵

고로케 버거 270엔

장시간 발효해서 만든 번에
갓 튀긴 고로케와 양배추,
직접 만든 화이트소스를 조합한
대표 상품.

실횡!

화이트소스로 부드럽게

팡토코히 바바플랫 パンとコーヒー馬場FLAT

일본산 밀로 반죽부터 수작업으로 만드는 번
단지 내 상가에 자리한 지역밀착형 빵집이다. 멘치카츠
버거와 고로케 버거는 같은 상가에 있는 정육점 나리타
야(成田屋)와 컬래버레이션한 상품이다.

📞 +81-3-6205-5443 📍 新宿区大久保 3-10-1 オレンジコ
ート内 🕐 8:30〜19:00 📅 둘째 주 월요일 💺 16석 🚉 JR 다
카다노바바역 도야마 출구에서 걸어서 7분 🌐 babaflat.com
📘 @babaFLAT 📷 @baba_flat 📷 @babaflat

탄수화물 × 탄수화물
궁극의 조리빵

야키소바빵

속이 흘러넘치는 박력에 압도!

민나노팡야 *みんなのぱんや*

예전 맛 그대로 성실하게 재현!
야키소바와 고로케 등 옛날식 그대로의 조리빵
이 많다. 쿠페빵은 버터향이 달콤하다. 역 근처
에 있어서 오가는 길에 들르는 사람이 많다.

📞 +81-3-5293-7528 📍 千代田区丸の内 2-7-3
東京ビル TOKIA B1F 🕚 11:00~19:00 🗓 연중무휴
📍 JR 도쿄역 신마루노우치 출구에서 걸어서 1분

실황!

야키소바 도그 259엔
굵은 면 야키소바와 생강초절임
냄새가 식욕을 자극한다.
꽉꽉 채운 속과
쫄깃한 빵의 궁합도 좋다.

이아코페 iacoupé(イアコッペ)

쫄깃한 쿠페빵 전문점
15가지 정도 되는 (달마다 바뀌는 메뉴와 주말 한정
메뉴 포함) 쿠페빵은 크기가 작은 편이다. 속재료에 맞
게 4종류의 다른 빵을 쓴다. 야키소바는 본점에서 가
까운 오사와 제면소(大沢製麺所)의 면을 사용한다.

📞 +81-3-5812-4880 📍 台東区上野公園 1-54 🕙
10:00~19:00 🗓 연중무휴 📍 JR 우에노역 시노바즈 출구
에서 걸어서 1분 🌐 iacoupe.base.ec 📘 @iacoupe 📷 @
iacoupe_com 📷 @iacoupe_

크기가 작은 쿠페빵에 야키소바가 한가득

실황!

야키소바 216엔
작은 사이즈의 쿠페빵에
골고루 양념 한 굵은 면의
야키소바를 꾹꾹 눌러 담았다.
생강초절임이 맛의 밸런스를 잡아준다.

1인분 이상의 야키소바!

실황!

미하루야
三陽屋(みはるや)

1951년 창업한 전통의 노포
지역 주민에게 사랑받아 온 쿠페빵 전문점이다. 말랑하
고 단맛이 느껴진다. 야키소바빵을 비롯해서 속 재료를
듬뿍 넣어 먹으면 든든한 빵을 10가지 정도 판매한다.

📞 +81-3-3801-3542 📍 荒川区東日暮里 4-20-3 🕕 6:00~ (매진 시 영업종료) 🗓 일요일 · 공휴일 📍 JR 우
구이스다니역 북쪽 출구에서 걸어서 10분

야키소바빵 200엔
생강초절임을 넣지 않아서
순수하게 야키소바와 빵의
콤비네이션을 맛볼 수 있다.
전체 길이가 20cm나 된다.

Part 3
다채로운 속재료가 가득한 조리빵

• 조리빵 계열 •

정겨운 맛이
전부가 아니다.
빵도 스프레드도
진화 중

쿠페빵
샌드위치

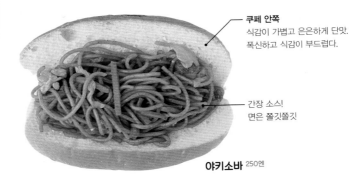

쿠페 안쪽
식감이 가볍고 은은하게 단맛.
폭신하고 식감이 부드럽다.

간장 소식
면은 쫄깃쫄깃

야키소바 250엔

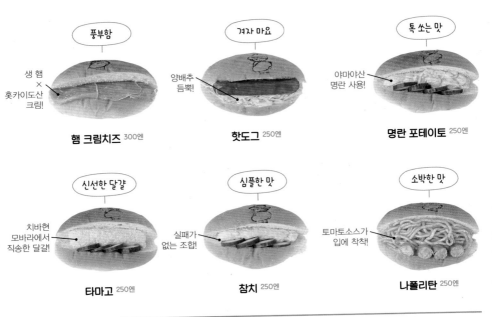

풍부함

생 햄
×
홋카이도산
크림!

햄 크림치즈 300엔

겨자 마요

양배추
듬뿍!

핫도그 250엔

톡 쏘는 맛

야마야산
명란 사용!

명란 포테이토 250엔

신선한 달걀

치바현
모바라에서
직송한 달걀!

타마고 250엔

심플한 맛

실패가
없는 조합!

참치 250엔

소박한 맛

토마토소스가
입에 착착!

나폴리탄 250엔

오히라 세이팡 (오히라 제빵) 大平製パン

정감 있고 반가운 맛

3대째 운영하는 후쿠시마의 빵집에서 태어난 주인이 본가와 동일한 방법과 재료로 빵을 만든다. 증조할
아버지 때부터 만들어 온 잼 등 변함없는 맛 덕분에 단골도 많다. 쿠페빵 샌드위치는 모두 24종류이다.

🈲 비공개 📍 文京区千駄木 2-44-1 🕐 8:00~19:00, 토 · 일요일 · 공휴일 ~18:00 📅 월요일 (비정기 휴일 있음)
5석 🚇 지하철 센다기역 1번 출구에서 걸어서 5분 🅕 @ohiraseipan 📷 @ohiraseipan

• 스위트 계열 •

쿠페 바깥쪽 ──
가게의 상징 캐릭터가 찍혀 있다.
빵 겉면도 부드럽고 윤이 난다.

감칠맛×새콤함에 빠져드는
치즈 케이크 느낌

크림치즈&블루베리 잼 200엔

(새콤달콤)

사과가
아삭아삭

아오리(청) 사과 잼 150엔

(시그니처 쿠페)

대대로
내려오는
레시피!

딸기잼&마가린 150엔

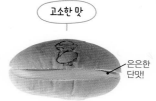

(부드러운 감촉)

커스터드
초코!

초콜릿 200엔

(따끈따끈)

백앙금에
호박!

호박 180엔

(최강의 조합)

단짠단짠!

앙버터 180엔

(고소한 맛)

은은한
단맛!

피넛 150엔

• 조리빵 계열 •

스파게티 나폴리탄 300엔

속 재료 듬뿍!
제대로 진한 맛!

쿠페 안쪽
폭신폭신 쫄깃쫄깃.
결이 촘촘하고 묵직하다.
밀내음도 풍부하다.

구워도 맛있다!

감자×고기
=최강!

간이
딱 맞는다.

콘비프 300엔
(감자샐러드 들어감)

일본과 서양의 만남

아무데나
어울리는
명 조연

적당히 달콤한
일본식 반찬

소보로 연근 300엔
(감자샐러드 들어감)

정통 쿠페

노른자의
맛이
제대로!

홀그레인
머스터드가
맛의 비결

타마고 270엔

마요네즈 듬뿍

마요네즈계의
2대 샐러드

우엉과 빵이
잘 어울린다!

우엉 샐러드 300엔
(감자샐러드 들어감)

건강한 맛

아삭아삭
생야채

야채
합계 100g

오리지널 야채 샌드위치 320엔

배가 든든

소스
&마요네즈로
진하게

2조각!
대만족

햄카츠 300엔
(월~토에만 판매)

요시다팡 吉田パン

쿠페빵 샌드위치 붐에 불을 지피다
항상 30가지 속을 준비해 두고, 한 가지를 고르거나 조합해서 주문할 수 있다. 즉석에서 샌드위치로 만들어준다. 바로 옆 공방에서 제빵사들이 구워내는 쿠페빵은 하루 약 2,500개!

+81-3-5613-1180 葛飾区亀有 3-27-4 7:30～17:30, 월요일 ~13:00 (매진 시 영업종료) 연중무휴
매장 앞 벤치 JR 가메아리역 북쪽 출구에서 걸어서 5분 yoshidapan.jp @luckybread2 @c_yoshidapan

Part
3
다채로운 속재료가 가득한 조리빵

· 간식 계열 ·

쿠페 바깥쪽 —
매끈한 모양. 껍질도 완벽하고
은근히 짭조름해서
든든한 맛이 있다.

— 생크림에 귤&황도

과일 샌드위치 280엔

프루티

양면에
듬뿍

상큼한
오렌지!

마멀레이드 190엔

달콤 쌉싸래한 빵

양면에
진하게

말차 향이
감도는 달콤
쌉싸래한 빵

말차 200엔

최고의 인기

부드러운
감칠맛

입안에서
살살 녹는다.

앙마가린 190엔

산뜻한 맛

알알이
씹히는 느낌

새콤
달콤
상큼

라즈베리 200엔

단 것의 대표

일본과
서양의
시너지

달콤하게
커스터마이징

단팥+말차+휘핑크림 270엔

여성에게 인기

양면 가득
대 만족

달콤하고
고소하게

검은콩 콩가루 200엔

Part
3
다채로운 속재료가 가득한 조리빵

유명 & 화제의 가게 인기 샌드위치
카리나 · 와즈 샌드위치

정통&개성파 샌드위치
엉클 샘즈 샌드위치 · 오리미네 베이커스 가치도키 점
손카 · 크리스크로 · 반미★샌드위치

고기 샌드위치
퀴노즈 맨해든 뉴욕 · 팡고 미슈쿠 본점 · 톰스 샌드위치
트레에우노 샌드위치 · 도쿄 카우보이

야채 샌드위치
카페 코팽 · 킹 조지 · 플레이스 인 더 선 · 앤드 샌드위치 · 발롱

에그 샌드위치
토라노몬 3206 · 아마노야 · 아메리칸 · 뉴욕 위치스

커틀릿 샌드위치
요쇼쿠사카바 프라이팬 · 겐센요쇼쿠 사쿠라이
네모 베이커리 앤드 카페 · 마담 쉬림

베이글 샌드위치
마루이치 베이글 · 오조 베이글 · 폼 드 테르 · 히후미 베이글
베이글 스탠더드 · 케포베이글즈

Chapter

4

SANDWICH 50

지금 당장
먹고 싶은
샌드위치 50

샌드위치가 미식의 영역으로 진화하고 있다.
낯선 조합의 샌드위치부터 가벼운 간식이나 제대로 된 식사용 샌드위치까지
다양하고도 다채롭다. 놓치면 후회할 추천 샌드위치를 한 곳에 모았다.

유명 & 화제의 가게 인기 샌드위치

똑같은 재료로 만들어도 예전 샌드위치와 요즘 샌드위치는 느낌이 완전히 다르다.
정겨운 옛날 샌드위치와 새로운 감각의 샌드위치, 과연 당신의 선택은?

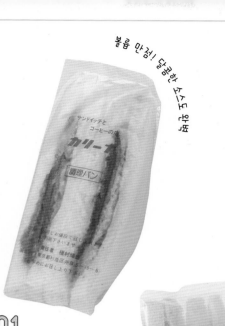

볼륨 만점! 달콤한 소스도 매력

♡이름난 가게♡

레트로 감성의 패키지에 담긴 삼각 샌드위치.
달걀, 햄카츠 등 익숙한 재료에 마음이 따뜻해진다.

심플한 맛의 포신후신 달걀에 맛 많음

01
햄카츠 190엔

빵 테두리로 만든 빵가루를 입혀서
튀긴 햄카츠가 바삭바삭하다.

씹는 맛이 있다! 겨자가 맛의 포인트

02
야채 230엔

소금에 살짝 절여 물기를 없앤
야채가 씹을수록 아삭하다.

03
달걀 210엔

삶은 달걀을 손으로 잘게 으깼다.
부드럽고 포근해서 인기가 많다.

카리나 *カリーナ*

옛날 맛 그대로의 홈메이드식 샌드위치

1986년에 문을 연 샌드위치 전문점이다. 정성을
다해 만들겠다는 주인의 고집으로, 모든 재료는
이른 아침부터 수작업으로 준비한다. 달걀, 야채
등 24종류의 샌드위치를 판매하며 가격은 130엔
~290엔 정도로 부담이 없다. 매일 아침 방금 만
든 샌드위치를 사러 오는 단골도 많다.

📞 +81-3-3301-3488 🕐 杉並区井草 5-19-6 🕐
6:00~14:00 📅 월・화요일 🚉 세이부 신주쿠선 가미
이구사역에서 걸어서 1분 🌐 kar-na.la.coocan.jp

환승하는 사이에
잠깐 들러보세요.

Wa's sandwich
와즈 샌드위치

사이쿄 미소 된장을 섞은 마요네즈가 맛의 포인트

04

연어와 딜 포테이토 샌드위치 480엔

훈제연어는 유자와 영귤로 마리네이드.
향긋한 딜을 넣어 만든 감자샐러드도 들어간다.

가츠산도, 덮밥 버건 탄생!

05

가츠니산도 650엔

다시 육수가 돈가스에 촉촉이 스며든
볼륨 만점 샌드위치. 달걀말이도 플러스.

다양하게 즐길 수 있는 믹스 샌드위치

06

와즈 절인 오이와
햄치즈 믹스 490엔

와즈(Wa's)의 간판상품 달걀 장조림
샌드위치와 살짝 절인 오이에
햄치즈를 넣은 샌드위치를
하나로 묶었다.

먹음직스러운 단면에 시선 고정!

♡ 화제의 가게 ♡

임팩트 강한 비주얼과
정성 가득한 속 재료,
어떤 조합이 나올지 주목된다!!

와즈 샌드위치 ワズサンドイッチ

전통 재료의 맛을 재구성하다

뉴우먼 신주쿠 2층의 식품관 에키나카에 있는
샌드위치 판매점이다. 일식 요리가 연상되는 다
시 육수와 된장, 맛술과 간장을 이용해서 재료가
지닌 맛을 더욱 돋보이게 한다. 전국 각지에서
생산된 식자재로 만드는 샌드위치는 식사용부터
간식용까지 15가지가 넘는다.

☎ +81-3-5366-5725 📍 新宿区 新宿 4-1-6
NEWoMan SHINJUKU 2F 🕐 8:00~22:00, 토 · 일요
일 · 공휴일 ~21:30 🈺 비정기 휴일 🚉 JR 신주쿠역
구내

basic & unique
SANDWICH

속과 빵으로 사람들을 사로잡는다

♡ 정통파 & 개성파 샌드위치 ♡

미리미리 사두어야 할 인기 상품부터 새롭게 떠오르는 유니크한 상품까지.
종류도 다양한 샌드위치를 전부 먹어보자!

♡ BLT 샌드위치 ♡

BLT는 속 재료인 베이컨(bacon), 양상추(lettuce), 토마토(tomato)의 첫글자를 딴 이름이다. 기본 소스는 마요네즈. 간단하면서도 개성이 넘친다.

07

BLT 1,200엔

무첨가 빵에 바삭하게 구운 베이컨 세 장과 두툼하게 썬 토마토를 풍성하게 넣었다. A

고소한 베이컨과 야채의 궁합이 최고!

♡ 생선 샌드위치 ♡

터키에서 시작된 고등어 샌드위치처럼 생선 토막을 그대로 끼운 것이 인기이다. 굽거나 튀기는 등 매장마다 특색이 다르다.

촉촉한 야채와 어우러지는 빵의 식감이 매력

양파와 레몬이 맛의 비결

08

BLT 샌드위치 540엔

단맛이 농축된 방울토마토와 쓴 맛이 없는 그린 리프 상추, 베이컨을 넣었다. C

09

고등어 샌드위치 504엔

시장에서 사 온 고등어를 올리브오일에 구워서 빵 장인이 만든 치아바타 사이에 끼워 넣었다. B

A 엉클 샘즈 샌드위치
Uncle SAM'S Sandwich

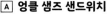

동네에서 오래 사랑받아 온 전문점

1977년에 창업한 노포이다. 점주가 미국에서 먹었던 맛을 재현한 레시피와 실내 인테리어 모두 창업 당시 그대로다. 60가지가 넘는 샌드위치 중에서 바삭한 베이컨과 신선한 야채의 하모니를 즐길 수 있는 BLT가 가장 인기 있다.

☎ +81-3-3704-8578 ⊙ 世田谷区上野毛 3-1-3 ⊙ 11:00∼23:00, 일요일·공휴일 ∼18:00 ⊙ 월요일 ⊙ 25석 ⊙ 도큐 오이마치선 가미노게역 북쪽 출구에서 걸어서 3분 ⊕ unclesam-sandwich.com

B 오리미네 베이커스 가치도키 점
ORIMINE BAKERS 勝どき店

장인의 창의력이 빛나다

시장에서 사 온 해산물로 만든 수제 빵 등 손이 많이 가는 빵을 맛볼 수 있는 곳이다. 단과자빵에 들어가는 커스터드와 필링도 가급적이면 직접 만든다. 데니쉬 같은 디저트, 조리빵, 하드계열 빵까지 다해서 60종류 정도 준비한다.

☎ +81-3-5144-5977 ⊙ 中央区勝どき 3-6-3 ⊙ 8:00∼20:00 ⊙ 수요일 ⊙ 지하철 가치도키역 A4b 출구에서 걸어서 2분 ⊕ oriminebakers.com ⊙ @oriminebakers ⊙ @oriminebakers

알록달록 층을 이룬 7가지 재료에서 눈을 뗄 수 없다

♥ 클럽하우스 샌드위치 ♥

예전에 유럽의 기차와 골프장 클럽하우스 등에서 판매하여 붙여진 이름이라고 한다. 세 장의 빵 사이에 속을 듬뿍듬뿍 끼워 넣었다.

10

클럽하우스 샌드위치 1,750엔

스모크치킨과 베이컨 등 7가지 속 재료에 심플하게 마요네즈만 뿌렸다. D

♥ 초콜릿 샌드위치 ♥

카카오의 진한 향과 빵의 맛이 조화로운 초콜릿 샌드위치는 스프레드 타입부터 초콜릿 덩어리를 그대로 넣은 것까지 맛도 모양도 폭넓게 즐길 수 있다.

아작아작 씹히는 구이 초콜릿 샌드위치

11

바게트 쇼콜라 420엔

봉 모양의 차가운 스위트 초콜릿을 끼워 넣어 아작아작 씹히는 식감이 중독성 있다. C

♥ 반미 ♥

베트남의 소울 푸드라고 할 수 있다. 바게트에 칼집을 넣고 고수와 초절임한 무, 당근 등을 넣어서 먹는다.

기다란 빵이 속 재료를 감싸준다.

12

베트남 햄 & 간 페이스트 550엔 (뒤)
새우 & 아보카도 550엔 (앞)

돼지 귀를 넣은 스파이시한 햄과 부드러운 간 페이스트도 직접 만들었다. (뒤) 새우의 식감이 탱글탱글하다 (앞) E

C 손카
SONKA(ソンカ)

재즈와 샌드위치를 즐긴다

이쓰카이치 도로변에 자리한 프랑스빵 전문점이다. 일본산 밀로 만든 바게트는 이른바 '겉바속촉(겉은 바삭하고 속은 촉촉)'의 정석이다. 프랑스빵 샌드위치는 미리 만들어두지 않아 끝까지 바삭하고 맛있게 먹을 수 있다.

☎ +81-3-5913-8551 ♨ 杉並区成田東 2-33-9 ⏰ 10:00~17:00 (매진 시 영업 종료) 🍴 화 · 일요일 💺 15석 🚇 지하철 신코엔지역 1번 출구에서 걸어서 15분 💻 sonka.tokyo

D 크리스크로스
crisscross

언제든지 들를 수 있는 열린 공간

아무 때나 부담 없이 찾을 수 있는 편안한 콘셉트의 올데이 카페이다. 푸른 자연에 둘러싸인 테라스 자리에 앉으면 마음이 편안해진다. 팬케이크와 주류도 판매한다. 샌드위치는 '브레드 웍스 오모테산도'(→p.122)의 빵으로 만든다.

☎ +81-3-6434-1266 ♨ 港区南青山 5-7-28 ⏰ 8:00~21:00 (라스트 오더) 🍴 연중무휴 💺 92석(테라스 20석 포함) 🚇 지하철 오모테산도역 B3 출구에서 걸어서 1분 💻 tysons.jp/crisscross

E 반미☆샌드위치
バインミー☆サンドイッチ

재료를 아끼지 않은 본격 반미

갓 구운 자가제 빵으로 만든 오리지널 반미(베트남식 샌드위치)가 가득한 테이크아웃 전문점이다. 8가지 메뉴에 매운맛 선택도 가능하다. 하나같이 속이 듬뿍 들어가서 양이 많은 편인데, 고기와 고수는 추가를 할 수도 있다.

☎ +81-3-5937-4547 ♨ 新宿区高田馬場 4-9-18 畔上セブンビル 1F ⏰ 11:00~19:00, 토 · 공휴일 ~18:00 (매진 시 영업 종료) 🍴 월 · 일요일 🚇 JR · 지하철 다카다노바바역 1번 출구에서 걸어서 1분 💻 banhmi3.exblog.jp 📷 @banhmi_sandwich

모든 인류를 사로잡을 육식 샌드위치

♥ 고기 샌드위치 ♥

샌드위치 중에서 가장 와일드한 고기 샌드위치.
빵 밖으로 삐져나올 정도로 켜켜이 쌓인 고기 층은 모든 것을 압도한다.
매력 넘치는 개성파 샌드위치를 만끽해보자!

새콤한 사우어크라우트를
듬뿍 넣어서 고기와
밸런스를 맞췄다.

씹는 맛이 충만한 야성미 넘치는
파스트라미가 160g 이상 들어있어
고기 본연의 맛을 즐길 수 있다.

퀴노즈 맨해튼 뉴욕
Qino's Manhattan New York

와일드하게 고기를 맛보다
미국에서 먹던 맛을 일본에도 알리고 싶어서 시작한 샌드
위치 전문점이다. 고기 외에 야채 샌드위치도 다양한데, 모
두 턱이 빠질 정도의 빅사이즈이다. 본고장의 맛을 찾는
남녀노소의 발길이 끊이지 않는다.

📞 +81-3-6231-5527 📍 文京区小石川 4-21-2 🕐 10:00~15:00,
토 · 일요일 · 공휴일 8:00~17:00 📅 연중무휴 🪑 15석 🚇 지하
철 묘가다니역 1번 출구에서 걸어서 6분 🚶 6:00~19:00 (접수
7:00~15:00, 토 · 일요일 · 공휴일 8:00~18:00)

OTHER SAND

13
콘비프 샌드위치 1,650엔
(테이크아웃 불가)
스테이크처럼 두툼한 콘비프와 채소가
듬뿍 들어간 샌드위치.

오리지널 **10곡** 빵은
진한 밀 향이
안에 넣은 재료와도
잘 어우러진다.

달콤한 아메리칸 머스터드와
다른 쪽 빵에 바른 프렌치 머스터드가
균형을 이룬다.

진하고 깔끔한 체더치즈의 맛이
샌드위치 전체를 부드럽게 감싸준다.

14

뉴욕 루벤 1,850엔
〈테이크아웃 불가〉

볼륨감 넘치는 파스트라미와
사우어크라우트는 찰떡궁합!

바질 향과 촉촉한 치킨이 핵심

15

바질 치킨 1,200엔

마늘과 향신료에 재운 치킨과
직접 만든 바질 소스가 일품이다.

팡고 미슈쿠 본점 FUNGO(ファンゴー) 三宿本店

가볍게 즐기는 미국의 소울 푸드!

날마다 볼륨감 넘치는 미국식 샌드위치를 맛볼 수 있는 곳으로 1995년에 오픈했
다. 화이트 브레드, 그레이엄 브레드, 바게트, 산미가 있는 호밀빵 중에서 고를 수
있다. 배달도 가능하며 햄버거도 인기가 많다.

📞 +81-3-3795-1144 📍 世田谷区下馬 1-40-10 🕐 9:00~23:00 (라스트 오더 22:00)
※배달시간 11:00~22:00 (접수 마감) 📅 연중무휴 🪑 46석 🚃 도큐 덴엔토시선 산겐자
야역 남쪽 출구에서 걸어서 15분 🌐 fungo.com/m_top.html 📘 @FUNGO 📷 @cafe_
fungo 📷 @cafe_fungo

흐무러질 정도로 푹 익은 소고기에 만족

16

핫 콘비프 2,600엔

여러 가지 향신료를 넣고
8시간 동안 조려서 고기의 감칠맛이
완전히 농축된 콘비프!

톰스 샌드위치 TOM'S SANDWICH

대를 잇는 절대적 정통파 샌드위치

나무가 우거진 다이칸야마에 위치한 뉴욕 스타일 샌드위치 전문점이다. 1973년
창업한 이래 변함없는 맛을 제공하며, 사용하는 재료와 마요네즈 등도 모두 직접
만든다는 원칙을 철저히 지킨다. 젊은 아티스트를 발굴하는 장으로서 갤러리도
운영 중이다.

📞 +81-3-3464-3045 📍 渋谷区猿楽町 29-10 ヒルサイドテラスC棟 1F 🕐
11:30~15:30 (라스트 오더 15:00) 📅 수요일 🪑 26석 🚃 도큐 도요코선 다이칸야마역 북
쪽 출구에서 걸어서 3분 📷 @tomssandwiches

붉은 살코기 스테이크고기 150g

17

그릴 스테이크 샌드위치 1,800엔

앵거스 소고기를 넣은, 육식파라면 절대
놓칠 수 없는 단 하나. 고기의 감칠맛이 가득!

트레에우노 샌드위치 3&1 SANDWICH

고기 전문가가 만드는 본격 고기 샌드위치

고기 요리 전문 레스토랑 '트라토리아 29(trattoria 29)'에서 런치타임 한정으로
운영한다. 이탈리아의 정육점에서 경력을 쌓은 오너가 만드는 샌드위치는 맛도 볼
륨감도 만점. 고기의 모든 것을 알고 있는 셰프가 만드는 최고의 맛을 느껴보자.

📞 +81-3-3301-4277 🏠 杉並区西荻北 2-2-17 🕐 11:30~13:30 (라스트 오더) 📅 월요
일 (공휴일인 경우 다음 날) 💺 18석 🚉 JR 니시오기쿠보역 북쪽 출구에서 걸어서 5분

고기 전문점에서 제대로 만든 로스트비프

18

로스트비프 샌드위치 1,296엔

와규 암소의 우둔살을 약 5시간
동안 삶아서 만든로스트비프와
차조기 잎이 잘 어울린다!

도쿄 카우보이 TOKYO COWBOY

와규 전문 정육점에서 만드는 샌드위치

세련된 매장 안에는 브랜드와 관계없이 엄선한 40종류의 고기가 디스플레이 되
어 있다. 맛있는 와규를 부담 없이 즐길 수 있게 시작한 샌드위치가 호평을 받았
다. 하루에 30개만 한정 판매를 하고 있어서 예약하는 편이 확실하다.

📞 +81-3-6805-6933 🏠 세타가야구 가미요가 1-10-16 1층 🕐 10:00~18:00 (샌드위치
는 매진되면 판매 종료) 📅 수요일 🚉 도큐 덴엔토시선 요가역 북쪽 출구에서 걸어서 13
분 🌐 tokyocowboy.jp 📷 @tokyo_cowboy

샌드위치에 사용하는 빵도
매장에서 직접 만든다.
한 입 베어 물면 바삭하고
구수한 빵 맛이 일품이다.

아삭아삭한 자색양파와
피클을 듬뿍 넣어
상큼한 자가제 드레싱

살짝 구워 달짝지근한 호박.
곁들인 샐러드의 야채도
풍성하고 볼륨 만점.

자색감자 품종의 하나인
쉐도우 퀸 튀김.
식감이 부드럽다.

카페 코팽
café copain

농가 직송 채소를 다채롭게 맛본다
지바현 시바카이농원(柴海農園) 직송 유기농 야채
를 풍성하게 넣은 샌드위치는 소재 본연의 맛을 살
리기 위해서 드레싱도 간단하다. 그날 가장 신선한
채소가 무작위로 들어오기 때문에 메뉴는 매일 바
뀐다. 주방에서 직접 15가지 정도 빵을 굽는다.

📞 +81-3-6240-3306 江東区平野 3-1-12 🏠
🕐 11:00~18:00 🗓 월 · 화요일 🪑 15석 🚇 지하철 기바역
3번 출구에서 걸어서 9분 🌐 cafecopain-kiba.com 📷
@cafecopainKIBA

OTHER SAND

19
호박, 토란, 버터넛 스쿼시, 루콜라
페퍼 포크 샌드위치 세트 1,180엔
사각 식빵을 사용했다.
호박과 토란의 착 달라붙는
감칠맛이 잘 어우러진다.

생생하고 신선하다! 아삭아삭한 야채에 시선 고정!

♥ 야채 샌드위치 ♥

위에 얹는 것부터 사이에 끼우는 것까지 야채의 활용 방법은 무궁무진하다!
만드는 방법에 따라 식감도 달라진다.
야채가 잔뜩 들어간 신선한 샌드위치를 즐겨보자.

20

**오우라 우엉, 청 겨자채,
고구마 샌드위치 세트** 1,180엔

커피 또는 홍차 포함. 샌드위치는
하루에 3가지 정도만 만든다.

직접 만든 홍차 젤리 디저트.
탱글탱글한 젤리를 입에 넣으면
홍차의 깔끔한 단맛이 퍼진다.

vegetable SANDWICH

예술적인 두께와 레인보우 컬러에 감동

21

베지테리언 1,500엔

토스트 한 참깨 빵에 11가지
신선한 야채를 듬뿍 넣었다.

킹 조지 King George Sandwich Bar

두툼한 샌드위치의 시작점

칠면조에 야채를 잔뜩 넣어 볼륨감 있고 건강에도 좋은 메뉴로 큰 인기를 얻은
샌드위치 가게다. 그중에서도 베지테리언은 매일 아침 들여오는 신선한 야채를
사용하기 때문에 야채 본래의 맛을 심플하게 맛볼 수 있어 매력적이다.

📞 +81-3-6277-5734 📍 渋谷区代官山町 11-13 2F 🕐 11:00~20:00 (라스트 오더
19:30), 일요일 ~18:00 (라스트 오더 17:30) 📅 비정기 휴일 🪑 36석(테라스 10석 포
함) 🚃 도큐 도요코선 다이칸야마역 북쪽 출구에서 걸어서 5분 🌐 kinggeorge.jp 📷 @
kinggeorgedeli 📷 @kinggeorgedeli

구운 채소의 맛을 만끽

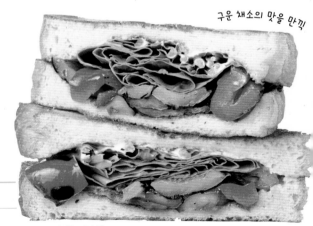

22

그릴드 베지 1,050엔

그릴에 구운 호박과 가지에 직접 만든
타르타르소스 뿌렸다. 허브 향이 싱그럽다.

플레이스 인 더 선 place in the sun

세련된 공간에서 야채 샌드위치를

유목으로 장식한 나선형 계단과 관엽식물이 어우러져 멋진 분위기를 자아내는
샌드위치와 햄버거 전문점이다. 신선한 자국산 식자재로 약 11가지의 샌드위치
를 만든다. '메종 카이저(MAISON KAYSER)'의 빵에 갖가지 속 재료를 넣어서 다
채로운 색으로 화려하다.

📞 +81-3-3451-2133 📍 港区芝 2-20-3 🕐 11:00~22:00 (라스트 오더 21:00), 토요일
~18:00 (라스트 오더 17:00) 📅 일요일·공휴일 🪑 28석 🚃 지하철 시바코엔역 A1 출구
에서 걸어서 1분 🌐 placeinthesun.jp 📷 @sandwichandburger 📷 @placeinthesun_
shiba

23

야채 샌드위치 1,242엔

15가지 신선한 야채에 치즈와
삶은 달걀을 더했다.

선명한 컬러! 샐러드를 먹는 느낌!!

앤드 샌드위치 &sandwich

15종류 이상의 야채가 가득!

매일 아침 주인이 직접 사 오는 신선한 야채가 15가지 이상 들어간다. 쌉쌀한 맛이 나는 전립분 빵을 살짝 굽고 양상추와 토마토 등을 넣어서 야채의 단맛과 아삭한 식감을 즐길 수 있다. 매장에서 손수 만든 드레싱이 재료가 지닌 맛을 돋보이게 한다.

📞 +81-3-6709-9455 📍 新宿区新宿 1-5-7 スキラ御苑 1F ⏰ 11:00~19:00 (라스트 오더 18:00) 📅 화요일 🪑 16석 🚇 지하철 신주쿠교엔역 1번 출구에서 걸어서 2분 🌐 andsandwich.tokyo 📘 @andsandwich 📷 @andsandwich2017

24

팔라펠 샌드위치 레귤러 842엔

다양한 색깔의 7가지 야채와
팔라펠을 넣은 비건 샌드위치

2종류의 자가제 소스와 속 재료의 적절한 매치!!

발롱 Ballon(バロン)

완전한 채식이라고는 믿기 어려운 만족감!

100% 비건을 지향하는 팔라펠 샌드위치와 소프트아이스크림 가게이다. 병아리콩으로 만든 크로켓인 팔라펠과 최대한 오가닉 제품으로 엄선한 야채를 피타브레드(포켓빵)에 넣어 먹는다. 다채로운 색만큼 다양한 식감의 차이도 재미있다.

📞 +81-3-3712-0087 📍 目黒区中目黒 3-2-19 ラミアール中目黒 1F ⏰ 11:00~18:00 📅 비정기 휴일 🪑 6석 🚇 도큐 도요코선·지하철 나카메구로역 동쪽 출구에서 걸어서 5분 🌐 ballontokyo.com 📷 @ballontokyo

♡ 에그 샌드위치 ♡

삶은 달걀을 으깬 정통 방식부터 달걀말이를 넣는 것까지 종류도 다양하다.
남녀노소 모두가 좋아하는 에그 샌드위치의 매력을 살펴보자

25

달걀이 잔뜩 들어가서 볼륨감도 듬뿍

데블드 에그 샌드위치 440엔

반숙란 3개에 특제 크림치즈를 얹고
특제 타르타르소스를 바른다.

토라노몬 3206 虎ノ門3206

'요리를 넣는' 샌드위치

약 30~40종류의 샌드위치를 파는 베이커리 카페
이다. 데블드 에그 샌드위치는 신선한 달걀을 삶아
서 진한 타르타르소스로 버무려 심플하면서도 알찬
샌드위치다.

📞 +81-3-6435-7933　📍 港区虎ノ門 3-20-4
CRESIDENCE KAMIYACHO 1F　🕐 8:00~20:00, 토 · 일
요일 · 공휴일 9:00~18:00　🈳 비정기 휴일　🪑 38석(테라
스 18석 포함)　🚇 지하철 가미야초역 3번 출구에서 걸어
서 3분　🌐 3206.jp

26

가다랑어 육수가 들어가서 부드럽기가
이루 말할 수 없다.

타마고산도 1,080엔

달걀말이를 넣은 고급스러운 맛의 샌드위치.
가다랑어 육수를 잔뜩 머금은 달걀말이가 폭신하다.
테이크아웃 1,180엔

아마노야 天のや(AMANOYA)

식감이 부드러운 타마고산도가 인기

1932년에 창업한 오래된 다과점이다. 달콤한 다과
류 외에도 샌드위치가 인기 있다. 대대로 내려온 비
밀 레시피가 소재의 맛과 풍미를 살려준다. 보존료
도 사용하지 않는다. 수제 타마고산도는 아자부주
반 본점에서만 판매한다.

📞 +81-3-5484-8117　📍 港区麻布十番 3-1-9
12:00~16:30 (라스트 오더 15:00), 18:00~20:00　🈳 화
요일 (비정기 휴일 있음)　🪑 19석　🚇 지하철 아자부주
반역 1번 출구에서 걸어서 1분　🌐 amano-ya.jp
tamagosand0354848117　📷 @amanoya_official

타마고산도 500엔

갓 구운 빵 1근과 특대 사이즈의 달걀을
5개나 사용해서 엄청나게 두툼한 샌드위치는
재료의 양에 압도당한다. 테이크아웃 300엔(1개).

아메리칸 アメリカン

아메리칸 사이즈의 개성파 샌드위치

가부키자 뒤쪽에 있는 찻집이다. 식빵 1근에 속을
넘치도록 채워서 인기가 많은 볼륨감 만점의 샌드
위치는 파스트라미와 치킨 등 재료 구성도 다양하
다. 테이크아웃 판매도 한다.

📞 +81-3-3542-0922 📍 中央区銀座 4-11-7 🕐
8:00~15:30 📅 토 · 일요일 · 공휴일 💺 25석 🚇 지하철
히가시긴자역 3번 출구에서 걸어서 1분

27

턱이 빠질 듯한 압도적인 두께!

타마고가츠산도 850엔

타마고가츠(달걀말이 튀김)는 바삭바삭한 튀김옷과
폭신폭신한 속살의 대비가 새로운 맛을 자아낸다. 달
걀의 부드러운 풍미가 특징이다.

뉴욕 위치스 NEW YORK WITCHES

든든한 타마고산도

가부키초에 있는 샌드위치 전문점이다. 자국산 돼
지고기와 소고기를 넣은 시오가츠산도처럼 엄선한
재료로 푸짐하게 만드는 샌드위치가 많다. 가장 인
기 메뉴인 타마고가츠산도는 신선한 달걀말이를 튀
겨서 만든다.

📞 +81-3-3200-8686 📍 新宿区歌舞伎町 2-38-8八汐
会館 3F 🕐 19:00~다음날 새벽 5:00 📅 일요일 💺 15석
🚇 JR 신주쿠역 동쪽 출구에서 걸어서 10분 🌐 nyw-sw.
com 📘 newyorkwitches 📷 new_york_witches

28

바삭바삭×폭신폭신 참을 수 없는 맛!

♡ 커틀릿 샌드위치 ♡

식사대용 샌드위치의 선두 주자 커틀릿 샌드위치!
고기의 감칠맛이 그대로 살아있는 촉촉한 커틀릿은
종류도 다양하다. 입맛에 맞는 커틀릿 샌드위치를 찾아보자!

29

육즙 흐르는 단면이 식욕을 자극한다!

자국산 소고기 안심으로 만든
비프커틀릿 샌드위치 2,000엔

라드를 사용해서 속은 레어로 겉은 바삭하게 튀긴
다. 겨자버터와 자가제 데미그라스 소스가 포인트

요쇼쿠사카바 프라이팬
洋食酒場 フライパン

어른들이 모이는 경양식 주점

가게 이름 그대로 '양식'과 '술'이 있는 바이다. 혼자서
도 가볍게 찾기 좋은 경양식 주점으로 술에 곁들이기
좋은 비스트로 메뉴 등을 제공한다. 가장 인기 있는
비프커틀릿 샌드위치는 데미그라스 소스의 맛이 레
드 와인과 잘 어울린다. 테이크아웃도 가능하다.

📞 +81-3-3418-0647 📍 世田谷区代沢 4-44-13 レグ
ルス下北沢 1F 🕐 18:00～다음날 새벽 1:00 (라스트 오더
0:00), 일요일 18:00～0:00 (라스트 오더 23:00) 📅 월요일
🪑 25석 📍 오다큐선・게이오 이노카시라선 시모키타자
와역 남서쪽 출구에서 걸어서 12분 📷 @y_frypan

30

소스가 듬뿍 촉촉한 돈가스!

가츠산도 1,750엔

흑돼지 등심을 통째로 벌꿀에 재워 1주일 동안
숙성한다. 소스는 겨자버터를 사용한다.

겐센요쇼쿠 사쿠라이
厳選洋食さくらい

경양식집의 본격 가츠산도

미슐랭 가이드에 빕 구르망(Bib Gourmand) 식당
으로 소개되었으며 가게 이름대로 엄선(겐센)된 양
식(요쇼쿠)을 즐길 수 있다. 총괄 셰프가 직접 고른
재료로 전통의 맛이 살아있는 비프스튜와 햄버거를
만든다. 하프사이즈 주문도 가능하다.

📞 +81-3-3836-9357 📍 文京区湯島 3-40-7 カスタ
ムビル 7F・8F 🕐 11:30～15:00 (라스트 오더 14:30),
17:30～20:00 (라스트 오더 19:30), 토・일요일, 공휴일
11:30～20:00 (라스트 오더 19:30) 📅 월요일 (공휴일인
경우 다음날) 🪑 76석 📍 지하철 우에노히로코지역 A4
출구에서 걸어서 1분

치킨커틀릿 샌드위치 750엔

일본의 닭고기 브랜드 쓰가루의 닭을
자가제 빵가루로 튀기고 타르타르소스와
오리지널 소스로 맛을 더했다.
치킨 무게는 약 160g으로 두툼하다.

네모 베이커리 앤드 카페
nemo Bakery & Café

베테랑 장인이 굽는 맛있는 빵

경력 30년의 장인 네모토 다카유키 셰프가 운영하
는 베이커리 카페이다. 10종류가 넘는 밀가루를 상
품마다 독자적으로 혼합해서 만드는 빵이 약 80가
지나 된다. 20개 한정 판매하는 치킨커틀릿 샌드위
치는 창업 당시부터 인기가 많아서 개점 5분 만에
완판 된 적도 있다.

📞 +81-3-3786-2617 🏠 品川区小山 4-3-12 TK武蔵
小山ビル 1F 🕐 9:00~22:00 (라스트 오더 21:00) 🚫 수요
일 (공휴일 제외) 🪑 20석 🚃 도큐 메구로선 무사시코야
마역 서쪽 출구에서 걸어서 3분

31

묵직하지만 육질이 부드러운 닭고기

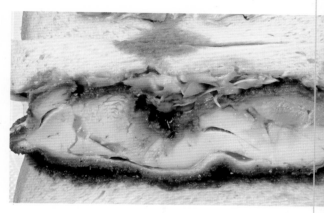

새우커틀릿 샌드위치 1,280엔
(6조각, 매장 판매 가격)

바삭하게 씹히는 튀김옷 안에 탱글탱글한
새우를 아낌없이 듬뿍 넣었다. 직접 만든
타르타르소스가 신의 한 수.

마담 쉬림프 madame shrimp

식어도 맛있다! 전문점의 새우커틀릿

긴자의 지하에 매장을 둔 아지트 느낌의 새우요리
전문점이다. 요리마다 다르게 사용하는 새우의 종
류가 15가지 이상이다. 새우커틀릿 샌드위치는 테
이크아웃도 가능하지만 매장에서 다양한 와인을 곁
들여 먹는 것을 추천한다.

📞 +81-3-3571-5528 🏠 中央区銀座 8-4-27 プラーザ
銀座ビルB2F 🕐 18:00~다음날 새벽 4:00 (라스트 오더
다음날 새벽 3:00), 토·일요일·공휴일 17:00~23:00 (라
스트 오더 22:00) 🚫 연중무휴 🪑 20석 🚃 각 노선 신바
시역 긴자 출구에서 걸어서 6분 🌐 madameshrimp.jp

32

달콤한 새우의 감칠맛이 그대로
살아있는 바삭바삭한 튀김을 샌드

무궁무진하게 변주되며 진화하고 있다!

♡ 베이글 샌드위치 ♡

토실토실한 비주얼에 쫄깃한 맛으로 빵 마니아의 마음을 사로잡은 베이글.
이제는 베이글에 무엇을 끼워 넣을지 관심 집중! 새로운 맛을 발견하기를 기대한다.

대표!

33
**플레인 베이글
×참치 샐러드 레귤러** 1,050엔

후추향이 풍기는 참치 샐러드에는
참치가 큼직큼직.
야채는 3가지 토핑.

큼지막한 참치 덕분에
먹으면 든든하다!

추천!

34
과일 샌드위치 590엔 (하프)

8가지 과일과 벌꿀 향기 나는
베이글의 조합.
크림치즈가 잘 어울린다.

화려한 과일의 향연.
베이글 계의 여왕.

정통!

36
파스트라미 648엔 (하프)

뉴욕 명물 파스트라미 샌드위치.
소고기와 4가지 야채의 맛이
잘 어우러진다.

겹겹이 쌓은 소고기의
압도적인 존재감

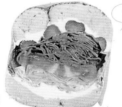

대표!

37
**시나몬 레이즌
×시나몬 애플** 734엔

필링에 들어간 시나몬은
은은한 편이지만 베이글의
시나몬 향과 만나서 풍미가 진해진다.

향기로운 더블 시나몬이
인상적인 디저트

인기
No.1

39
**오늘의 플랑
샌드위치** 324엔 (하프)

오늘의 플랑(호박)과 생햄.
매쉬드포테이토의 조합이 환상적이다.

매일 바뀌는 플랑 샌드위치
하나면 충분하다

대표!

40
**아보카도와 연어,
참치 브로콜리
샌드위치** 378엔 (하프)

아보카도에 크림치즈와 토마토 플랑 등을
더해서 깊고 진한 감칠맛이 난다.

아름답게 층을 이룬 재료의
조화가 볼만하다.

마루이치 베이글 MARUICHI BAGEL

정통!

매일 생각나는 베이글을 추구한다
뉴욕에서 유명한 '에싸 베이글(Ess-a Bagel)'의 레시피를 바탕으로 원료를 고른다. 19가지 베이글 모두 밀도가 높고 중량감이 있다. 쫄깃해서 씹는 맛도 일품이다. 쌀가루 베이글을 제외하고, 10가지 이상의 필링을 채운 베이글 샌드위치도 만든다.

🕐 비공개 📍 港区白金 1-15-22 ⏰ 9:00~16:00 📅 월·화요일 🚃 지하철 시로카네타카나와역 4번 출구에서 걸어서 2분 🌐 maruichibagel.com 📷 @MARUICHIBAGEL

35
전립분 참깨 베이글 ×감자샐러드 레귤러 900엔
고소한 참깨 베이글에 짭조름한 감자가 찰떡궁합이다.

입안에서 춤추는 묵직한 감자!

오조 베이글 OZO BAGEL

추천!

뉴욕의 유명한 가게에서 배운 본고장의 맛
뉴욕의 전통 방식인 핸드롤 기법으로 겉은 포동포동하고 속은 쫄깃쫄깃한 베이글을 만든다. 달걀, 버터, 설탕은 넣지 않으며 일본산 밀을 쓴다. 온종일 굽기 때문에 언제 가도 갓 구운 베이글을 맛볼 수 있다.

🕐 없음 📍 中央区日本橋箱崎町 32-3 秀和日本橋箱崎레지던스 ⏰ 11:00~15:30 (매진 시 영업 종료) 📅 일·월·목요일, 비정기 임시휴일 🚃 지하철 스이텐구마에역 1a번 출구에서 걸어서 1분

38
탄두리 치킨 508엔 (하프)
스파이시한 치킨을 크림치즈가 부드럽게 감싸준다.

향신료가 들어간 푸짐한 샌드위치

폼 드 테르 Pomme de terre (ポム・ド・テール)

유니크

델리도 매력적인 베이글 전문점
직접 만든 자가제 베이글이 호평을 받아 2004년에 프렌치 레스토랑에서 베이글 카페로, 2010년에는 테이크아웃 전문점으로 전환했다. 빵과 재료의 궁합을 고려한 베이글 샌드위치는 물론이고, 정성껏 걸러 만든 야채 플랑 같은 수제 델리도 인기다.

📞 +81-3-5382-2611 📍 杉並区西荻北 4-8-2 ベイハイム西荻第三101 ⏰ 10:30~15:00, 17:00~20:00 📅 월·화·수·금요일 🚃 JR 니시오기쿠보역 북쪽 출구에서 걸어서 10분

41
크랜베리, 캐러멜 초콜릿 칩, 레몬필 크림치즈 샌드위치 324엔 (하프)
새콤한 크랜베리와 달콤 쌉싸름한 초콜릿이 더할 나위 없는 행복의 맛을 연주한다.

크림의 두께가 곧 행복의 증거

유니크

42
고구마
×럼 레이즌
크림치즈 745엔 (M사이즈)

고구마와 럼 레이즌의
은은한 단맛이 참깨와
고소하게 조화를 이룬다.

> 고구마와 참깨의
> 하모니

대표!

43
호두&메이플
×블루베리
크림치즈 745엔 (M사이즈)

산미가 도는 블루베리
크림치즈와 호두의 식감이
맛을 더욱 돋보이게 한다.

> 메이플 시럽을 넣어
> 반죽한 달콤한 빵

인기
No.1

45
허니 머스터드
치킨 320엔 (하프)

마리네이드한 치킨에 야채와
호두를 곁들였다. 매콤달콤한
머스터드소스로 마무리.

> 건강에 좋은 치킨에
> 매콤달콤 더하기!

대표!

46
참치 샐러드 290엔 (하프)

식감이 즐거운 참치 샐러드에
올리브와 바질로 맛을 더했다.

> 마요네즈를 넣지 않아
> 산뜻한 샌드위치

인기
No.1

48
연어 샌드위치 864엔

부드러운 연어와
쫄깃한 베이글의
밸런스가 절묘하다.

> 자색 양파가
> 화려한 색감을 플러스

추천!

49
애플망고
크림치즈 샌드 540엔

캐러웨이 씨앗을 넣은
베이글로 만든다.
디저트 느낌의 샌드위치다.

> 촉촉한 과일을
> 올려 꿀꺽!

인기
No.1

44
**스팸&흑후추
감자 베이컨 샐러드
샌드위치** 626엔 (M사이즈)

후추를 넣은 감자 베이컨
샐러드와 스팸에서 확실한
존재감이 느껴진다.

스팸&포테이토 베이컨이
들어간 푸짐한 샌드위치

히후미 베이글 123ベーグル

쌀가루 향이 구수한 쫄깃쫄깃 베이글
니혼바시코덴마초에 있는 베이글 전문점이다. 시마
네현에서 나는 니타마이 쌀가루와 홋카이도산 밀가
루를 혼합한 반죽은 씹을수록 쌀의 단맛이 은은하
게 올라온다. 50종류의 베이글과 좋아하는 재료를
조합해서 입맛에 맞는 샌드위치를 만들 수 있다.

🕐 비공개 📍 中央区日本橋小伝馬町 10-6
11:00〜17:00, 토요일 〜15:00 (매진 시 영업 종료) 📅
일·월요일·공휴일 🚶 지하철 고덴마초역 2번 출구에
서 걸어서 2분

추천!

47
**베리베리
×트리플 넛츠 허니** 560엔

고소한 견과류 3종과 크림치즈,
벌꿀을 넣어 디저트 느낌으로 완성했다.

2가지 베리가
자아내는 하모니

베이글 스탠더드 BAGEL STANDARD

베이글=기호품이라는 개념을 제안하다
테이크아웃 베이글 샌드위치 전문점이다. 북미산
밀가루를 사용해서 뉴욕의 맛을 재현하고, 씹는 맛
이 좋은 베이글을 만든다. 필링의 조합도 뉴욕 스타
일이다. 매일 먹어도 질리지 않는 스탠더드한 베이
글 샌드위치를 제공한다.

📞 +81-3-5721-2012 📍 目黒区中目黒 2-8-19 宮島
ビル 1F 🕐 10:00〜18:00 📅 월·화요일 🚶 도큐 도요코
선·지하철 나카메구로역 북쪽 출구에서 걸어서 10분

유니크

50
앙버터 샌드위치 259엔

일본식으로 만든 베이글 사이에
단맛을 줄인 팥앙금과
감칠맛의 진한 버터를 넣었다.

팥앙금과 버터의 궁합은
언제나 최고

케포베이글즈 Kepobagels

매장에서 방금 만든 것을 맛본다
일본식과 뉴욕식의 2가지 베이글이 모두 인기다.
일본식 베이글은 일본산 밀에 누룩으로 만든 효모
를 넣고 빚어 더 쫄깃하다. 콩가루, 구운 사과 등 일
본의 맛과 계절감이 느껴지는 맛을 다양하게 준비
했다. 뉴욕 베이글은 북미산 밀가루, 생 이스트를
넣어 본고장 맛에 가깝다는 평가를 받는다.

📞 +81-3-6424-4859 📍 世田谷区上北沢 4-16-13 🕐
9:00〜19:00 📅 월요일 (공휴일인 경우 다음날), 화요일
🪑 5석 🚶 게이오선 가미키타자와역 북쪽 출구에서 걸어
서 5분

오모테산도

브레드웍스 오모테산도 · 팽 오 수리르 · 팡토에스프레소토

다이칸야마

메종 이치 다이칸야마 · 가든 하우스 크래프트
힐사이드 팬트리 다이칸야마 · 장티유 · 트라스파렌테 나카메구로

요요기공원

테코나 베이글 웍스 · 르방 도미가야점 · 15℃

산겐자야

고무기토코보 하마다야 산겐자야 본점 · 텐 핑거스 버거

니시오기쿠보

엔쓰코도 세이팡 · 타구치 베이커리

야네센 봉주르 모조모조
아사쿠사 펠리칸

도쿄역 에쉬레 메종 뒤 뵈르
시부야역 블랑제 시부야점
우에노역 블랑제 아사노야 에큐트 우에노점
오모테산도역 블랑제리 장 프랑수아 에치카 오모테산도점

Chapter

5

BAKERY TOWN

인기 매장은
모두 모인
베이커리 타운

도쿄에는 인기 많은 가게들이 모이는 베이커리 타운이 있다.
거리를 산책하다가 잠깐 들러보기도 좋고,
빵지순례를 목적으로 방문하기에도 좋다.
산책과 빵을 함께 즐겨보자!

인기 매장은 모두 모인 베이커리 타운

오모테산도

트렌드에 한발 앞선
동네의 감각적인 베이커리

오모테산도와 그 주변은 해외에서 화제가 된 매장이 잇따라 오픈하는 등 뉴스가 끊이지 않는 곳이다. 최신 트렌드가 시작되는 곳이기 때문에 쇼핑과 미식을 즐기려는 사람들로 늘 붐빈다.

푸른 자연으로 둘러싸인 메인 스트리트를 중심으로 뒷골목에도 수준 높은 베이커리 카페가 자리하고 있어서, 가장 큰 규모의 베이커리 지역으로 주목받고 있다. 2015년에 처음 일본에 들어와서 오픈 전부터 길게 줄을 섰던 뉴욕의 베이커리, 지방에서 먼저 유명해진 가게의 도쿄 진출 매장, 인기 셰프와 브랜드의 컬래버레이션 매장 등, 국내외 할 것 없이 모두 화제의 중심에 섰던 곳들뿐이다. 한편 많이 알려지지 않았지만, 단골들의 발길이 끊이지 않는 실력 있는 베이커리도 존재감을 드러내고 있다. 이 지역의 베이커리는 매장 내부는 물론이고 빵까지도 스타일리시하다. 재료와 맛, 식감과 모양, 어느 것 하나 소홀하지 않고 오리지널리티가 살아있는 아름다운 빵으로 즐거움을 선사한다.

가장 새로운 트렌드를 살펴보면서 베이커리를 순례하고, 쇼핑하는 중간 카페에서 잠시 쉬어 가면서 이야깃거리 넘치는 베이커리 타운을 거닐어보자.

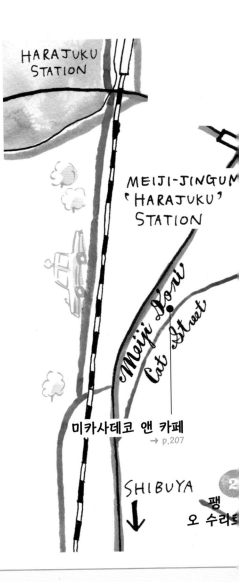

HARAJUKU STATION

MEIJI-JINGUM 'HARAJUKU' STATION

Meiji Dori

Cat Street

미카사데코 앤 카페
→ p.207

SHIBUYA

팽
오 수리

빵 마니아라면 놓칠 수 없는
멋진 베이커리 총집합

→ p.206
시아와세노 팬케이크
오모테산도점

팡토에스프레소토

OMOTESANDO
STATION

블랑제리 장 프랑수아
에치카 오모테산도

브레드웍스 오모테산도
크리스크로스
→ p.101

United Nations
University

Aoyama
Gakuin
University

**나무가 우거진 공간에
갓 구운 빵 냄새가 퍼진다.**

녹나무를 한가운데 배치한 편안한 공간.
같은 계열 카페 '크리스크로스'(→p.101)
의 테라스 자리에 앉아서 사온 빵을 먹을
수 있다.

01

02

브레드웍스 오모테산도
breadworks OMOTESAMDO

도시의 오아시스 같은 베이커리

밀가루부터 직접 수작업으로 하여 50~60종류의 빵을 만
든다. 제철재료를 사용한 신상품도 매달 등장한다. 맥주 공
장 겸 레스토랑 '티.와이.하버(T.Y. HARBOR)'의 계열사라는
점을 생각하면, 자가제 맥주효모로 만든 감칠맛과 향이 풍
부한 비어 브레드도 놓칠 수 없다. 매일 종류가 바뀌는 팽
어소트(모듬빵, 500엔)도 추천한다.

📞 +81-3-6434-1244　📍 港区南青山 5-7-28　🕐 8:00~21:00
📅 연중무휴　📍 지하철 오모테산도역 B3 출구에서 걸어서 1분
🌐 tysons.jp

01. 직접 만든 잼과 구움과자, 귀여운 일러스트가 그려진 오리지널 머그
잔 등도 판매한다. **02.** 매장 안은 아침부터 저녁까지 장인이 굽는 빵 냄
새로 가득하다.

스모크 & 스모크 1,000엔
자가제 맥주 효모로 만들었다.
스모크 베이컨과 스모크 치즈가 들어있다.

아몬드밀크 브레드 250엔
홋카이도산 밀 기타노카오리와
아몬드밀크로 만든 하드 브레드.

올리브 180엔
프랑스빵 반죽에 올리브를
듬뿍 넣고 구웠다.
짭짤한 안초비와도 잘 어울린다.

03. 색이 어두운 목재를 사용해서 앤티크한 분위기
의 매장. **04.** 비에누아 반죽에 자가제 커스터드 크림
을 넣은 빵 등 디저트도 다양하다.

SELECT 2

마음이 편안해지는
자연 속에 자리하고 있다.

빵을 먹으면서
갤러리 감상

01. 천연 효모로 만든 빵이 매일 다른 종류로 60가지 정도 나온다. 시식용 빵이 많아서 맛을 보는 사이에 배가 차기도 한다. **02.** 백앙금에 크림치즈를 넣은 흰 단팥빵 234엔은 입에서 살살 녹는다.

팽 오 수리르 Pain au Sourire

예술까지 즐길 수 있는 베이커리

세계자연유산인 시라카미 산지의 부엽토에서 발견된 '시라카미코다마 효모'를 사용해서 빵을 만든다. 홋카이도산 밀가루와 잘 어우러져 씹으면 씹을수록 구수한 맛이 느껴진다. 넓은 매장 한쪽에는 갤러리도 있어서 정기적으로 워크숍이 열린다. 식사를 하면서 작품을 감상할 수 있다.

🕿 +81-3-3406-3636 📍 渋谷区渋谷 1-4-6 🕐 8:00~20:00 📅 일·월요일 🪑 20석 🚶 각 노선 시부야역 동쪽 출구에서 걸어서 8분 🌐 pain-au-sourire.jp
📘 @Painausourire 📷 @pain_au_sourire

바게트 250엔
저온에서 장시간 발효한 바게트는 씹을수록 밀내음이 진해진다.

치즈 퐁뒤 280엔
구수한 바게트에 화이트 와인과 쫀득한 치즈 맛이 잘 어우러진다.

갓 구운 빵과 커피라면
매일 출석 도장을 찍고 싶다.

파니니의
밀 맛도 완벽

파니니 샌드위치에 사이드 메뉴와 음료가 함께 나오는 파니니 세트 (평일 8:00~15:00 판매, 950엔). 직접 만드는 파니니 샌드위치는 10종류. 취향대로 고를 수 있다.

팡토에스프레소토 パンとエスプレッソと

아침부터 밤까지 사람들의 발길이 끊이지 않는 바르 & 베이커리

매일같이 '빵과 에스프레소랑' 보내고 싶은 곳이다. 일본산, 프랑스산, 캐나다산 등 5종류의 밀가루를 빵에 맞게 사용해서 매일 30가지 정도 만드는데 하드계열이라도 속살은 쫄깃하고 부드러운 편이며, 매일 먹어도 질리지 않는 빵을 추구한다. 교토의 오래된 카페 '오가와 커피 (小川珈琲)'의 오리지널 블렌드를 사용한 에스프레소와도 잘 어울린다. 바리스타가 내려주는 맛있는 커피를 곁들이면 좋다.

📞 +81-3-5410-2040 📍 渋谷区神宮前 3-4-9 🕐 8:00~20:00 📅 둘째 주 월요일 (공휴일인 경우 다음 날) 🪑 25석(테라스 8석 포함) 🚇 지하철 오모테산도역 A2 출구에서 걸어서 5분 🌐 bread-espresso.jp 📘 @breadespresso. jp 🐦 @BREADESPRESSO 📷 @bread.espresso.and.omotesando

민트위치 240엔
건포도와 호두가 잔뜩 들어간 빵에 민트와 벌꿀을 넣은 크림을 샌드 했다.

두유식빵 370엔
유제품을 넣지 않은 식빵. 일본산 단바 검은콩 설탕조림이 들어갔다. 식감이 정말 쫄깃하다.

무(mou) 330엔
버터를 듬뿍 사용해서 리치한 식빵. 10cm 조금 안 되는 크기라서 손으로 뜯어 먹기도 좋다.

125

인기 매장은 모두 모인 베이커리 타운

다이칸야마

톰스 샌드위치
→ p.104

신구의 문화가
융합하는 정보 발신지

다이칸야마는 녹음이 우거진 풍경과 세련된 숍으로 유명
하다. 다양한 연령층에 인기가 높아서 주말이면 많은 사
람이 쇼핑을 즐기러 발걸음을 옮긴다. 패션뿐만 아니라
현대 예술과 음악까지 감상할 수 있는 개성 넘치는 갤러
리가 늘면서 최신 문화의 발신지로서 주목받고 있다. 규
야마테도리와 하치만도리 거리에는 울창한 나무와 사이
고야마 공원 같은 휴식 공간이 있어서 휴일에는 아이와
함께 오는 가족도 눈에 띈다.

데이트 장소로도 인기가 많은 다이칸야마에는 근사한
카페와 레스토랑이 즐비하다. 특히 식사까지 가능한 베이
커리 카페가 인기다. 주로 바게트와 캉파뉴로 대표되는
프렌치 스타일 하드계열 빵이 나온다. 걸어서 갈 수 있는
에비스와 나카메구로 주변에도 갓 구운 빵을 먹을 수 있
는 베이커리 카페가 많고, 메구로 강변과 고마자와도리에
는 아늑한 아지트 느낌의 공간도 있다. 디너타임에는 빵
과 요리에 와인을 곁들일 수 있는 가게까지. 하루 종일
편하게 이용하기 좋다.

접근성이 좋은 핫플레이스에서 쇼핑도 즐기고 느긋하
게 산책을 하면서 마음에 쏙 드는 베이커리를 찾아보는
것도 재미있을 듯하다.

NAKAMEGURO
STATION

트라스파렌테 나카메구로

변하지 않는 인기 지역,
다이칸야마 주변에서 빵지순례

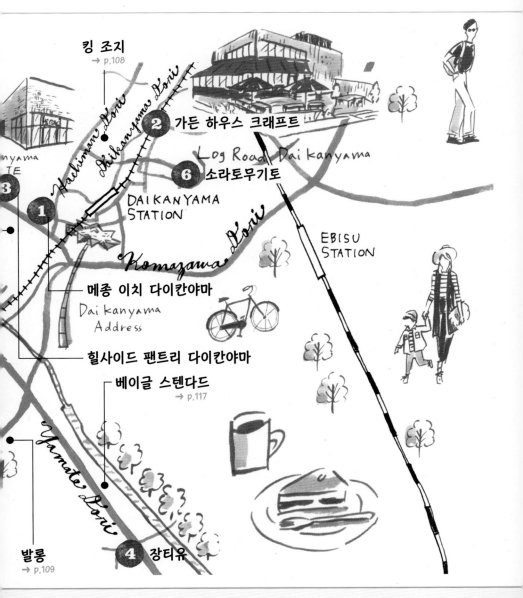

킹 조지
→ p.108

② 가든 하우스 크래프트

Log Road Daikanyama

⑥ 소라토무기토

DAIKANYAMA STATION

Hachiman Dori

Shikanyama Dori

nyama TE

③

①

Komazawa Dori

Meguro Dori

EBISU STATION

메종 이치 다이칸야마
Daikanyama Address

힐사이드 팬트리 다이칸야마

베이글 스텐다드
→ p.117

Yamate Dori

발롱
→ p.109

④ 장티유

메종 이치 다이칸야마
MAISON ICH 代官山

본격 프랑스 요리와 빵을 즐긴다
다이칸야마 교차로에 자리한 베이커리 카페이다. 온종일 본격적인 프랑스 요리를 먹을 수 있다. 프랑스에서 경력을 쌓은 셰프가 식감과 향을 중시한 빵을 프랑스식 그대로 만든다. 델리와 디저트도 판매하며 테이크아웃도 가능하다. 에비스에 있는 도쿄도 사진미술관의 카페에도 지점이 있다.

☎ +81-3-6416-4464 📍 渋谷区 猿楽町 28-10 モードコスモスビル B1F ⏰ 8:00~20:00 📅 연중무휴 💺 40석 🚉 도큐 도요코선 다이칸야마역 정면 출구에서 걸어서 2분

01. 매장에서 판매하는 테린이나 델리에 와인과 맥주를 마시는 사람도 많다. **02.** 카페 공간도 널찍하다.

캐러멜 사과 브리오슈 280엔
커스터드와 캐러멜라이즈 한 사과를 듬뿍 올린 브리오슈. 시나몬 향이 포인트.

크랜베리 268엔
탄력 있는 쫄깃한 빵은 한입 먹으면 계속 먹고 싶어진다. 크랜베리가 듬뿍!

하드계열을 메인으로 빵들이 놓여 있다.

구매 후 바로 매장 안에서 먹을 수도 있다.

버터향이 진한 산형 식빵은 인기 품목이다.

03. 매장에서는 키슈와 샌드위치를 포함해서 약 50가지의 빵을 만든다. 종류가 많아서 고르기 힘들다. **04.** 계속해서 구워져 나오는 산형 식빵이 선반에 빼곡하다. **05.** 홋카이도산 밀과 천연 발효액종으로 만든 바게트의 진한 밀내음이 구수하다. **06.** 사과와 호두를 넣고 쫄깃하게 만든 하드계열 빵을 먹으면 상큼한 사과 향과 호두의 고소한 맛이 입안을 가득 채운다.

밤 빵 268엔
씹으면 밤의 단맛이 은근하게 느껴진다.
쫄깃한 빵과 밤 알갱이의 밸런스가 좋다.

**세미 드라이 토마토와
리코타 치즈 푸가스** 538엔
올리브 오일이 들어간 치아바타는 풍미가
좋고 일반적인 푸가스보다 부드럽다.

크루아상 268엔
씹을 때마다 버터의 감칠맛과
달콤한 맛이 입안에 퍼진다.
겉은 고소하고 속은 쫄깃하다.

느긋하게
즐기는 조식

푸른 자연에 둘러싸인
베이커리 레스토랑

01

가마쿠라 햄과 그뤼에르 치즈
크로크무슈 550엔
캉파뉴를 사용하고 소스도 전부 직접
만든다. 흑후추로 스파이시한 맛 추가.

헤이즐넛
오가닉 쇼콜라 280엔
바삭바삭 가벼운 크루아상 안에는
진한 헤이즐넛 초콜릿 크림.

01. 재생 공원 겸 특색 있는 가게가 가득한 로그로드 다이
칸야마에 있는 식물로 가득한 상쾌하고 기분 좋은 공간.
02. 모닝 메뉴 (8:00~11:00)인 서니 사이드 업(1,050엔).
03. 12종류의 일본산 밀을 빵에 맞춰 구별해서 사용한다.

가든 하우스 크래프트
GARDEN HOUSE CRAFTS

지역 생산물로 만드는 수제빵
가마쿠라 오나리마치에 있는 인기 레스토랑 '가든 하
우스(GARDEN HOUSE)'의 베이커리 1호점이다. 자
국산 밀과 엄선한 제철 재료로 만드는 빵과 디저트,
샌드위치와 델리 등을 맛볼 수 있다. 특히 자가제 효
모로 만드는 묵직하고 커다란 캉파뉴 등 갓 구워낸
빵이 인기다.

📞 +81-3-6452-5200 ◎ 渋谷区代官山町13-1 LOG
ROAD DAIKANYAMA 5号棟 ⏰ 8:00~20:00 📅 비정
기 휴일 🪑 64석 🚶 도큐 도요코선 다이칸야마역 서쪽
출구에서 걸어서 5분 🌐 gardenhouse-crafts.jp 📘 @
gardenhousecrafts 📷 @garden_house_crafts

03

02

빵, 커피, 델리, 모두 만족

정성껏 준비한 델리가 빵에 잘 어울린다!

SELECT 3

01. 런치 빵과 매일 바뀌는 델리로 구성된 오늘의 수프 세트(821엔~). **02.** 맛있게 직접 만드는 반찬으로 가득한 델리카테슨. **03.** 희귀한 조미료도 판매하는 그로서리.

힐사이드 팬트리 다이칸야마
ヒルサイドパントリー 代官山

외국의 슈퍼마켓 같은 분위기
다이칸야마 힐사이드테라스에서 직영하는 푸드 숍으로 베이커리, 커피 스탠드(coffee stand), 식료품점으로 구성되어 있다. 베이커리에서는 60~70종류의 빵이 촘촘한 시간 관리 하에 끊임없이 구워져 나온다. 스테디셀러 상품인 천연효모 크루아상을 비롯한 전 제품이 몸에 좋은 무첨가 제품이다.

☎ +81-3-3496-6620 ⊙ 渋谷区猿楽町 18-12 ヒルサイドテラスG棟 B1F ⏰ 10:00~19:00 🗓 수요일 (공휴일인 경우 영업) 🪑 26석 🚈 도큐 도요코선 다이칸야마역 서쪽 출구에서 걸어서 3분 ⊕ hillsidepantry.jp 📷 @hillside_pantry 📷 @hillsidepantrydaikanyama

시나몬롤 357엔
바삭바삭한 크루아상 반죽에 3가지 건포도를 듬뿍 넣어 구웠다.

천연효모 무화과빵 476엔
저온에서 장시간 발효한 바게트는 씹을수록 밀내음이 진해진다.

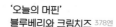

'오늘의 머핀'
블루베리와 크림치즈 378엔
식감이 가볍고 적당히 달콤한 머핀. 매일 바뀌기 때문에 무엇이 등장할지 기대된다.

01. 요일 한정으로 판매하는 빵도 있어서 몇 번을 가도 다른 맛과 만날 수 있다. **02.** 해가 비치는 카페는 밝은 분위기가 난다. **03.** 멋진 나무 미닫이 문이 포인트.

장티유 gentille

파리의 정취가 물씬 풍기는 카페에서 빵과 함께 휴식을

파리에서 경력을 쌓은 부부가 운영하는 베이커리이다. 자가제 효모로 매일 60가지 정도의 빵을 만든다. 식감이 딱딱한 호밀 반죽 식사 빵부터 브리오슈 반죽으로 만드는 간식 빵까지 상품 구성이 다양하다. 파리에서의 일상을 재현하고자 앤티크 가구를 배치한 2층 카페에서는 갓 구워 나온 빵 외에도 수프와 샐러드 같은 가벼운 식사를 할 수 있다.

📞 +81-3-3712-9610 📍 目黒区目黒3-1-1
🕐 8:30~19:00 📅 일요일, 공휴일 💺 6석 🚶
도큐 도요코선·지하철 나카메구로역 정면 출구에서 걸어서 10분 🌐 gentille.ne.jp 📷 @gentille.pain

마음에 드는 빵을 찾아보세요.

파리의 길모퉁이 빵집에 들어온 기분

크랜베리 쇼콜라 324엔
달콤한 빵에 크랜베리와 화이트 초콜릿이 들어있다. 홍차와 함께 먹고 싶은 간식 빵.

베리&베리 380엔
호밀 반죽에 크랜베리와 블루베리를 넣었다. 베리 종류가 듬뿍 들어가서 아이들에게도 인기다.

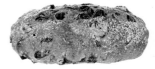

브리오슈 오랑제 260엔
오렌지 필이 들어간 폭신폭신한 브리오슈. 윗면의 아작아작한 식감이 재미있다.

트라스파렌테 나카메구로

TRASPARENTE(トラスパレンテ) 中目黒店

맛도 모양도 개성 있는 빵을 제공

이탈리아에서 디저트인 돌체와 빵을 배운 셰프가 꾸려가는, 나카메구로에서 가장 인기 있는 베이커리 카페이다. 형형색색 컬러풀한 데니쉬를 비롯해서 이탈리아식으로 만든 유니크한 빵이 70~80종류나 된다. 좌석도 있어서 금방 나온 빵과 수프 등도 먹을 수 있다.

📞 +81-3-3719-1040 📍 目黒区上目黒 2-12-11 1F 🕘 9:00~19:00 🚫 화요일 💺 14석 📍 도큐 도요코선·지하철 나카메구로역 동쪽 출구에서 걸어서 3분 🌐 trasparente.info 📷 @trasparente_2008

재료와 맛과 아이디어로 승부!

다양한 식자재를 조합해서 자신 있게 만든 빵이 가득하다. 포카치아 등의 이탈리아 빵부터 데니쉬까지 종류가 다양하다.

가티 117엔

한입 사이즈의 데니쉬에 올리는 과일은 신선함이 생명

고르곤졸라와 벌꿀 피자 397엔

중독성 있는 쫄깃한 빵과 고르곤졸라의 풍미가 잘 어울린다.

아보카도와 파스트라미 브리오슈 샌드위치 447엔

구수한 밀의 향이 느껴지는 식감 좋은 바게트에 정통 재료를 심플하게 올렸다. 바질 소스가 잘 어울린다.

재료가 지닌 맛을 살린 토마토와 당근 라페 샌드위치(420엔)와 맛이 진한 우바 차(450엔)

소라토무기토 空と麦と

밀에 정통한 셰프가 굽는다

직접 재배한 밀과 시판되는 일본산 밀을 혼합해서 만든 빵으로 인기가 많은 곳이다. 농약이나 화학비료, 퇴비 등을 사용하지 않고 키운 밀과 호밀로 만든 빵은 묵직하면서도 부드럽고 단맛이 난다. 자가 배양한 발효종으로 장시간 발효해서 만들기 때문에 밀의 향도 진하다. 자리에 앉아서 샌드위치와 커피도 즐길 수 있다.

📞 +81-3-6427-0158 📍 渋谷区恵比寿西 2-10-7 YKビル 1F 🕙 10:00~19:00 🚫 일·월요일 (공휴일인 경우 다음 평일) 💺 8석 📍 도큐 도요코선 다이칸야마역 동쪽 출구에서 걸어서 5분 🌐 @soratomugito.com 📘 @soratomugito

밀의 맛이 진한 소박한 빵이 잔뜩!

자가 배양 발효종으로 만드는 구수한 빵

검은콩 빵 280엔

단바산 검은콩과 호박의 달콤한 맛이 고급스럽다. 쫄깃한 편이다.

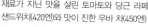

캉파뉴 (쿼터 사이즈) 300엔

일본산 밀과 호밀을 써서 밀 향기가 진한 빵. 질긴 맛이 없어서 좋다.

팽 오 쇼콜라 270엔

색이 진하게 구워진 빵과 오개닉 초콜릿의 하모니

인기 매장은 모두 모인 베이커리 타운

요요기공원

개성파 빵집으로 가득한 베이커리 격전지

인기 베이커리의 빵과 함께 공원에서 휴식을

요요기코엔역 주변은 언제나 평온하다. 역에서 나와 몇 분만 걸어가면 만나게 되는 요요기공원의 녹음은 도심에 사는 사람들에게 휴식 공간이 되어 준다. 휴일에는 드넓은 공원에 많은 사람이 모여들고 다양한 이벤트도 열린다. 역 주변은 오래된 상점가와 조용한 주택가가 뒤섞여 있다. 전체적으로 조용하고 고즈넉한 분위기의 거리에는 아늑한 카페와 레스토랑도 군데군데 보인다. 가까운 곳에 1212년에 세워진 신사 요요기 하치만구(代々木八幡宮) 등 역사적인 건물도 있어서 산책하기도 좋다.

이 지역은 빵집 격전지이기도 하다. 자가제 효모의 선구자적 존재인 베이커리와 베이글 전문점, 이국적인 분위기로 꾸민 가게 등 개성 넘치는 매장은 다 모였다. 이른 아침부터 영업하는 곳도 있어서 모닝 세트를 먹으러 오는 사람도 많다.

가까운 베이커리에서 빵을 사 들고 나무가 울창한 요요기공원으로 가서 푸른 하늘 아래 앉아 런치를 즐겨도 좋을 것이다.

포동포동 동글동글
구성이 다양한 베이글

01. 문을 열자마자 손님들로 매장이 꽉 찬다. 계속해서 구워져 나오는 베이글을 트레이가 넘칠 정도로 사 가는 사람도 많다. 먹고 남은 베이글은 냉동하면 2주 정도 보관할 수 있다. **02.** '말랑' 반죽의 플레인 베이글로 만든 샌드위치(295엔~)는 일찍 간 사람이 승자!

테코나 베이글 웍스
tecona bagel works

3가지 식감을 즐긴다

'쫄깃', '말랑', '묵직'이라는 3가지 반죽으로 만드는 베이글 전문점이다. 원래 파티시에였던 셰프가 속 재료를 삶고 절이는 등 품을 더 들여서 만든 덕분에 맛이 섬세하다. 심플한 베이글에 어울리는 딥소스도 판매한다.

📞 +81-3-6416-8122 📍 渋谷区 富ヶ谷 1-51-12 代々木公園ハウス B1F ⏰ 11:00~1830 ☕ 비정기 휴일 🚇 지하철 요요기코엔역 1번 출구에서 걸어서 1분 🌐 tecona.jp 📷 @tecona_bagel_works

말차 유기농 앙 크림 280엔
단자와 효모를 사용해서 씹는 맛이 좋다.
크림치즈와 단팥의 궁합이
잘 맞는다.

팥 호박 크림치즈 280엔
호박 반죽 빵에 일본식 재료가 가득.
이스트를 넣어 뭉실뭉실하게 굽는다.

시나몬 꿀 사과 265엔
자가제 효모로 만든
쫄깃한 빵과 시나몬 향이
나는 사과의 단맛이
잘 어울린다.

궁금한 빵은 조금씩 시식

> 무게 판매는
> 한 조각부터 원하는 만큼

01. 스펠트밀, 전립분, 호밀을 이용해서 3종류의 효모를 키우고, 빵마다 다른 효모를 넣어서 만드는 하드계열 빵은 무게를 달아서 판매하다. **02.** 20가지 정도 만든다. **03.** 손때 묻은 빵 선반 등 역사가 느껴지는 매장 내부.

르방 도미가야점 Levain 富ヶ谷店

자가제 효모빵의 선구자

1989년 문을 열었다. 일본산 밀과 자가제 효모를 사용하는 베이커리의 선구자로 알려졌다. 매장에서 직접 맷돌로 빻은 전립분을 25% 배합한 대표작 캉파뉴를 비롯해서 매일 먹어도 질리지 않는 정통 하드계열 빵으로 정평이 나 있다.

📞 +81-3-3468-9669 📍 渋谷区富ヶ谷 2-43-13
🕐 8:00~19:30, 일요일·공휴일 ~18:00 📅 월요일·둘째 주 화요일 🚇 지하철 요요기코엔역 1번 출구에서 걸어서 5분 📷 @levain_tomigaya_tokyo

멜랑주 2엔/그램 당 (세금별도)
고소한 호두와 새콤한 커런트가 조화롭다.

캉파뉴 1.3엔/그램 당 (세금별도)
전립분으로 키운 효모로 만든 빵은 촉촉하고 쫄깃하다.

인기 베이커리에서 즐기는
모닝 메뉴

'365일'에서
가장 인기 있는 식빵

01

02

03

04

01. 365일 아침밥(1,134엔)은 일본산 밀로 만든 식빵 3종에 차가운 감자 포타주(수프)*와 달걀프라이, 훈제연어 등을 곁들인 세트 메뉴. **02. 03.** 케이크와 페이스트리도 있다. **04.** 시모키타자와의 서점에서 고른 음식문화 관련 책이 꽂혀있다.

* 계절에 따라 달라짐

15℃ ジュウゴド

자가제분한 식자재×빵

인기 베이커리 '365일'에서 운영하는 카페이다. 아침에는 갓 구운 빵이 나오는 모닝 세트, 점심은 주문을 받고 만드는 샌드위치와 햄버거, 밤에는 밥 대신 빵 위에 재료를 얹어 먹는 빵 스시. 아침부터 밤까지 빵을 사용한 다양한 요리를 맛볼 수 있다.

📞 +81-3-6407-0942 📍 渋谷区富ヶ谷 1-2-8 🕐 7:00~23:00 (라스트 오더 22:00) 📅 연중무휴 💺 20석 🚇 지하철 요요기코엔역 1번 출구에서 걸어서 1분 📘 @jugodo15c

SELECT 3

TAKEOUT MENU
SANDWICH
COFFEE TEA
Hot & Ice   Chicken, Pork, Beef,
FRESH   Seafood, Vegetables,
JUICE   Beans, Eggs, Others...
HAMBURGER · DELI

인기 매장은 모두 모인 베이커리 타운

산겐자야

지역밀착형 가게가 많다. 마음이 따뜻해지는 베이커리로 가보자.

조리빵 재료도 매장에서 손수 만들어요.

산겐자야의 유명한 가게. 다른 곳에서는 맛볼 수 없는 일본식 빵

01. 오래된 고택의 정취가 느껴지는 외관이 특징적이다. 세 사람이 들어가면 꽉 차는 작은 매장에 손님이 끊이지 않는다. 산겐자야역으로 이어지는 세타가야 거리에 있다. **02.** 대면식 판매대에 채워지는 빵. 손님과 편안하게 대화를 나누는 시간을 소중하게 생각하며, 단골의 요청으로 만들게 된 빵도 있다고 한다.

고무기토코보 하마다야 산겐자야 본정
小麦と酵母 濱田家 三軒茶屋本店

60가지 빵으로 선보이는 일본의 맛

산겐자야(三軒茶屋)에서 10년 이상 사랑받는 베이커리이다. 가장 인기가 많은 콩 빵과 톳. 우엉조림 같은 반찬을 넣어 일본의 맛을 낸 빵으로 호평을 받았다. 계절별 한정 판매되는 빵도 10종류 정도 준비한다. 지역밀착형으로 부담 없는 가격도 반갑다.

📞 +81-3-5779-3884 📍 世田谷区 三軒茶屋 2-17-11 グレイス三軒茶屋 1F ⏰ 8:30〜19:30 (토·일·공휴일 8:00〜20:00) 📅 연중무휴 🚇 도큐 덴엔토시선 산겐자야역 세타가야도리 출구에서 걸어서 5분 🌐 hamada-ya.jp 📷 hamadaya_mitsuru

톳 180엔
맛 간장 국물에 삶은 톳과 옥수수 알갱이를 넣은 조리빵.

콩 빵 180엔
폭신폭신한 빵 안에 빨간 완두콩이 가득. 달콤 짭짜름한 맛이 일품이다.

선라이즈 170엔
하마다야식 멜론빵. 태운 버터의 진한 풍미가 코를 자극한다.

GOOD FOOD
You'll Enjoy!
TEN FINGERS BURGER
We serve you RIGHT
미국 영화의
주인공이 된 기분
빨간색으로 악센트를 준
유쾌한 매장 내부
01

CHICKEN WINGS
03

02

01. 벽에 큼지막하게 그려 넣은 일러스트가 인상적인 아메리칸 다이너 스타일의 매장 내부. **02.** 텐 핑거즈 버거에 아보카도와 체더치즈, 프라이드 포테이토 S사이즈를 토핑(1,360엔). 정겨운 크림소다(626엔)와 함께 먹으면 기분만큼은 50년대!? **03.** 테이크아웃용 박스도 인테리어의 일부로 활용한다.

SELECT 2

텐 핑거스 버거 TEN FINGERS BURGER

50년대 미국이 모티브

가게 이름은 '양손(텐 핑거즈)'으로 잡을 수 없을 정도로 커다란 사이즈의 햄버거를 가볍게 즐기자는 뜻이다. 에비스에 있는 크로스로드 베이커리(Crossroad Bakery)에서 특별 주문한 햄버거 번에 140g이나 되는 패티를 넣었다. 미국 문화의 출발점이라고도 할 수 있는 햄버거를 50년대 느낌의 다이너에서 만끽해보자.

+81-3-6805-4510 世田谷区西太子堂 4-23-11 GEMS 三軒茶屋 1F 11:00~23:00 (라스트 오더 22:30) 연중무휴 40석 도큐 덴엔토시선 산겐자야역 북쪽 출구에서 걸어서 1분 tenfingersburger.com Ten-Fingers-Burger-583981845295360 @tenfingers_b @tenfingers_b

텐 핑거즈 버거 1,274엔
(아보카도, 체더치즈 토핑)

육즙이 뚝뚝 떨어지는 패티는 미국산 앵거스 소고기 100%를 사용했다. 유료 토핑 메뉴도 다양하다.

Ten Fingers
BURGER

일러스트가 귀여운 1개용 테이크아웃 박스. 홈파티를 할 때 이대로 테이블에 올려놓아도 근사하다.

니시오기쿠보

개성 넘치는 유명 가게가 모여 있는 베이커리 타운

SELECT 1

매일매일 먹고 싶은
홋카이도산 밀로 만든 빵

귀여운 불도장에
힐링 되는 기분

01

02

03

01. 02. 내추럴한 분위기의 매장 여기저기에 올빼미가 보인다. 앤티크한 쇼케이스도 멋이 느껴진다. **03.** 니시오기쿠보역에서 7분 정도 걸어 들어간 골목 안에 있다. 가게 앞의 작은 벤치에 앉아서 먹어도 된다.

엔쓰코도 세이팡 えんツコ堂 製パン

귀여운 불도장이 트레이드마크

숲속의 작은 오두막처럼 조그마한 베이커리이다. 홋카이도산 밀가루와 자가제 효모로 40가지 정도의 빵을 만들고, 식자재도 가능하면 유기농을 고집한다. 주로 소박하면서도 소재 본연의 맛이 살아있는 빵을 만든다. 식빵에 올빼미 불도장을 찍는 귀여운 아이디어에 마음이 따뜻해진다.

ENTUKO

📞 +81-3-3397-9088 📍 杉並区西荻北 4-3-4 🕐 9:00~19:00
📅 월·화요일 🚶 JR 니시오기쿠보역 북쪽 출구에서 걸어서 7분
📷 @Entuko ⓘ @Entuko_pan

엔쓰코 토스트 410엔
자가제 효모로 만든 산형 식빵. 바게트 느낌의 크러스트로 인기가 많다.

시나몬롤 350엔
버터와 시나몬을 듬뿍 넣은 리치한 풍미의 간식

호두와 무화과 캉파뉴 430엔
밀과 호밀의 묵직한 반죽. 고소한 호두가 맛의 포인트

밀크프랑스 230엔
손수 만든 밀크 크림이 가득. 별로 딱딱하지 않아서 아이들에게도 인기

아이부터 어른까지
모두가 즐길 수 있는 다양한 빵

SELECT 2

폐점 시간 전에 완판 되는 경우도 종종 있다.

01. 과일을 잔뜩 넣은 화려한 데니쉬 종류도 많다. **02.** 니시오기쿠보 상점가에 있다. 나무문을 열고 들어서면 매장도 우디한 분위기. 가까운 젠푸쿠지(善福寺) 공원에 가서 먹는 것도 추천한다. **03.** 빵은 대면식으로 판매한다. 좋아하는 빵, 추천하는 빵에 관해 이야기하면서 결정해도 좋다.

피그 에 프로마주 205엔
아낌없이 넣은 크림치즈와
새콤 달콤한 무화과가 잘 어울린다.

슈크레 226엔
폭신폭신한 브리오슈에
그래뉼러당과 버터가 듬뿍

타구치 베이커리 TAGUCHI BAKERY

자가제 발효종으로 만드는 하드계열 빵
밀가루로 키운 자가제 발효종을 넣어 만드는 구수한 하드계열 빵이 유명하다. 바게트와 바타르 외에도 달콤한 무화과를 넣은 빵 등 종류도 다양하다. 15종류의 각기 다른 반죽으로 단팥빵 같은 간식 빵까지 만드는 폭넓은 라인업이 매력적이다.

- +81-3-6913-9853 ⚲ 杉並区西荻北 4-26-10 ⏱ 9:00~19:00
- 월 · 셋째주 일요일 🚃 JR 니시오기쿠보 북쪽 출구에서 걸어서 10분 📷 @pankichi26 📷 @taguchibakery

베이컨 치즈 257엔
탄력 있는 쫄깃한 빵과 베이컨,
크림치즈가 적절하게 어우러진다.

마르게 리타 280엔
바질 소스, 모차렐라치즈에
생 토마토를 올렸다.

인정이 가득한 시타마치의 빵집에서
마음까지 따뜻해진다.

서민들이 모여 살던 동네를 일컫는 시타마치.
여전히 그 정취가 남아있는 거리에는 사람도 가게도 인정미와 따뜻함이 흘러넘친다.
손님을 생각하는 마음이 담긴 정겨운 빵집을 만날 수 있다.

가니(게) 200엔
게살 크림이 가득 들어있다.

네코(고양이) 180엔
고구마 앙금의
진한 단맛에 빠져든다.

우사기(토끼) 200엔
은은한 단맛이 나는 빵과
커스터드의 절묘한 매치.

먹기 아까운
'귀여운' 빵이 가득

봉주르 모조모조 Bonjour Mojo2

시타마치에서 사랑받는 뒷골목 빵집
네즈의 뒷골목, 집들이 모여 있는 한쪽 모퉁이에 조용히
자리 잡은 조그만 빵집이다. 18가지 동물 빵이 가장 인기
있다. 종류마다 내용물과 맛이 다르다. 수작업으로 만들다
보니 굽기 정도에 따라서 동물의 표정이 달라지는 것도 매
력 가운데 하나다. 근처 아이들이 간식을 사 먹으러 오는
모습은 시타마치에서만 볼 수 있는 풍경이다.

📞 +81-3-5834-8278 🏢 文京区根津 2-33-2 七弥Bハウス 1F
🕐 11:00〜매진 시 영업 종료 📅 월·화요일 (비정기 휴일 있
음) 🚇 지하철 네즈역 1번 출구에서 걸어서 7분 📷 @bonjour_
mojo2

식사 빵과
구움과자도 있어요~

01

신구가 조화롭게 공존
야네센 *
시타마치의 왁자지껄함이 느껴지는
야나카긴자 주변에는 낡은 가정집을
개조한 시설이 곳곳에 퍼져있어
매력적인 분위기를 자아낸다.

오래된 집들이 늘어선 골목에 세워 둔 간
판이 이정표다. 이른 아침부터 맛있는 빵
냄새로 가득하다. 메뉴판에는 주인이 직접
일러스트를 그려 넣었다.

＊ 야나카(谷中), 네즈(根津), 센다기(千駄木)의 세 지역을 합쳐서 부르는 말

다와라마치 교차로에서
펠리칸 마크가 그려진 간판이 보인다.

예약한 식빵이
줄줄이 놓여있다.

시타마치를 대표하는 멋이 있는 거리

아사쿠사

에도시대의 정취가 남아있는 시타마치 아사쿠사는
유명한 사찰 센소지(浅草寺)와
노포 상점이 줄지어 있어서
많은 관광객이 찾는 곳이다.

나카마루
중간사이즈 5개들이, 550엔

식감이 쫄깃쫄깃하고 맛이 심플해서 어떤
음식에도 잘 어울린다. 예약 주문이 필수다.

롤빵
중간사이즈 5개들이, 520엔

달걀 물을 바르지 않아 매트한 롤빵은
풍미가 좋고 촉촉하면서 중량감이 있다.

펠리칸
パンのペリカン(Pelican)

1942년 창업한 오랜 전통의 베이커리

다와라마치에 자리한 시타마치 베이커리로, 빨
간색 간판과 펠리칸 마크가 트레이드마크다.
오로지 식빵과 롤빵만 만들며, 식사로 먹기 좋
도록 밀가루를 심플하게 배합한다. 결이 고와
서 입안에서 살살 녹는다. 식빵은 하루 지나면
빵의 수분이 구석구석 퍼져서 테두리까지 촉
촉하고 더욱더 맛있어진다.

📞 +81-3-3841-4686 📍 台東区寿 4-7-4 🕐
8:00~17:00 🚫 일요일·공휴일 🚇 지하철 다와라
마치역 2번 출구에서 걸어서 3분 🌐 bakerpelican.
com

143

먹고 싶으면 바로 살 수 있다!
역에서 가까운 베이커리

역에서 가까운 베이커리점은 등하교, 출퇴근길에 들르는 것은 물론이고 약속장소로도 이용할 수 있다.
최근에는 역사 내에도 인기 매장이 많아져서 점점 편리해지고 있다.

고소한 크루아상
향기가 퍼져나가요!

에쉬레 버터를 듬뿍 사용한
비에누아즈리

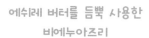

01

레트로한 빨간 기와의 역사(驛舍)

도쿄역

도쿄의 현관이라고도 할 수 있는
빨간 기와가 상징적인 역이다.
관광 명소로도 인기가 많다.

에쉬레 메종 뒤 뵈르
ÉCHIRÉ MAISON DU BEURRE

전 세계 최초 에쉬레 버터 전문점
A.O.P.(원산지 보호 명칭) 인증을 받은 프랑스산 발효
버터 '에쉬레(echire)'를 사용한 크루아상(→p.74)과
구움과자가 인기 있는 매장이다. 도쿄역에서도 가까워
서 관광객도 많이 찾는다. 휘낭시에와 마들렌은 매장
에서 매일같이 굽기 때문에 아무 때나 구매할 수 있지
만 다른 종류의 빵은 다 팔리면 그날은 살 수 없다.

📞 +81-3-6269-9840 📍 千代田区丸の内2-6-1 丸の内ブ
リックスクエア 1F 🕐 10:00~20:00 📅 비정기 휴일 🚃 JR
도쿄역 마루노우치 남쪽 출구에서 걸어서 5분 🌐 kataoka.
com/echire/maisondubeurre

팽 오 쇼콜라 432엔
에쉬레 버터를 넣은 빵의 진한
풍미와 초콜릿의 달콤함이 최고의
밸런스를 보여준다.

**팽 오 레쟁
에 오 피스타슈** 540엔
건포도의 은은한 단맛과 피스타치오의
고소함이 빵의 감칠맛과 훌륭하게
조화를 이룬다.

개성 넘치는 빵에
시선 고정!

쇼핑 중간에 빵집에서
한숨 돌리기!

02

아침부터 밤까지 젊은이들로 붐빈다
시부야역

음악과 패션 등 최신 문화의 발신지이다.
많은 젊은이가 모여 활기가 넘친다.

블랑제 시부야점
BOUL'ANGE 渋谷店

아침 점심 저녁, 온종일 먹고 싶은 빵 총집합!

미야마스자카 교차로 근처의 매장에는 약 70종류나 되는
빵과 구움과자가 빼곡하다. 식빵도 종류가 다양한데, 그중에
서도 먹는 방법에 맞춰 개발한 두 종류의 식빵이 가장 인기
다. 그냥 먹는 빵에는 생크림을 넣어서 테두리까지 맛있고
촉촉하게 먹을 수 있다. 토스트용 식빵은 홋카이도산 유메
치카라 밀가루와 전립분인 기타노카오리를 섞어 만들었다.
바삭하고 가벼운 식감이 최고다.

☎ +81-3-6418-9581 ⌖ 渋谷区 渋谷1-14-11 BCサロン渋谷
1F ⏰ 7:00~21:00 ⛱ 비정기 휴일 ♨ 50석 🚇 각 노선 시부야역
11번 출구에서 걸어서 1분

팽 오 쇼콜라 280엔
두툼한 반죽을 겹겹이 접어 올린
모양이 보기 좋다. 쌉싸래한 초콜릿
맛이 차와 함께 먹어도 잘 어울린다!

퀸 아망 260엔
버터향 진한 빵에 바삭하고 달콤하고
향기로운 캐러멜은 멈출 수 없는 맛이다.

역 안에서만 살 수 있는
한정판 상품도 있다.

빵을 들고 역 바깥에 있는
공원에서 피크닉!

03

동물원부터 아트까지 다채로움이 가득

우에노역

판다를 보러 가거나 미술관을 관람하는 등
아이부터 어른까지 즐길 수 있다.

흑설탕 팥빵 판다 280엔
으깬 도카치산 팥과 흑설탕을
아몬드 크림으로 감싼
오리지널 단팥빵

크림판다 388엔
에큐트 우에노점 한정 판매로
얼굴에는 커스터드 크림,
귀에는 초코크림이 들어있다.

블랑제 아사노야 에큐트 우에노점

ブランジェ浅野屋 ecute 上野店

앞으로도 이어나갈 가루이자와 전통의 맛

1933년 창업한 가루이자와에 본점을 둔 빵집이다. 부드러
운 크림빵을 포함해서 90가지 이상의 빵을 만든다. 다크
체리를 올린 프렌치토스트는 창업 당시의 인기 상품으로,
가루이자와 로열 브레드 식빵을 재현해서 만든다. 전통을
지켜가면서 새로운 아이디어를 가미한 빵을 맛볼 수 있다.

📞 +81-3-5826-5624 📍 台東区上野 7-1-1 構内 ecute上
野 3F JR 上野駅 🕐 6:30~22:30, 일요일·공휴일 ~21:30
🈺 연중무휴 🚇 JR 우에노역 구내 🌐 b-asanoya.com 📘 @
boulangerieasanoya 📷 @boulangerie_asanoya

부드러운 크림빵 216엔
폭신한 반죽 안에 바닐라 빈이
듬뿍 들어간 크림을 넣고 구웠다.

**로열 브레드 다크 체리와
크림치즈 프렌치토스트** 388엔
크림치즈와 커스터드 크림을
믹스해서 토핑.

04

트렌드의 발신지

오모테산도역

고급 명품 숍이 즐비한, 최첨단 패션 정보를
가장 먼저 들을 수 있는 곳이다.

역 가까이에서
본고장의 맛을 체험!

재방문자가 줄을 잇는
역 근처의 명 베이커리

블랑제리 장 프랑수아 에치카 오모테산도점
Boulangerie JEAN FRANÇOIS Echika 表参道店

프랑스의 향기를 일본에서 재현!

프랑스 공인 명장(Meilleur Ouvrier de France, MOF)
를 수상한 셰프 장 프랑수아 르메르시에(Jean François
Lemercier)의 기술과 정신을 이어받은 베이커리이다. 프랑
스산 밀가루를 비롯해서 각각의 빵에 맞게 다양한 산지의
밀가루와 식자재를 엄선한다. 만드는 빵의 종류는 약 60가
지. 독자적인 방법으로 구운 바게트를 먹으면 천연 소금의
짠맛과 밀의 단맛이 입안에 퍼진다.

📞 +81-3-5413-7287 📍 港区北青山 3-6-12 Echika 表参
道 🕐 8:00~21:00 연중무휴 218석(다른 점포와 공유)
🚇 지하철 오모테산도역 구내 🌐 echika-echikafit.com 📘 @
JEANFRANCOIS.omotesando 📷 @jeanfrancois_official

크렘 브륄레 313엔
폭신하고 쫄깃한 미니 식빵
사이에 커스터드가 듬뿍.
겉면은 달콤하고 향긋하다.

크루아상 프랑수아 226엔
리본처럼 생겼다. 발효버터를
듬뿍 넣고 얇게 접은 빵은 맛과
향이 모두 풍부하다.

카타네 베이커리

피오렌티나 페이스트리 부티크

블랑제리 라 테르

블랑제리 로라소

타루이 베이커리
토라야 카페 앙 스탠드 신주쿠점
마미 브레드
팡토카페 에다오네
크리올로
마스다세이팡

MY BAKERY

소문내고 싶은
&나만 알고 싶은
나만의 베이커리

모두가 궁금해 하는 빵덕후의 즐겨찾기에 저장된 베이커리 숍.
과연 어떤 매력이 있는지 자세한 이야기를 들어보았다!
편집부가 추천하는 빵집도 함께 소개한다!

브레드 랩(BREAD RAB) 총괄 디렉터
이리에 아오이가 추천하는

—

Katane Bakery

카타네 베이커리

오랫동안 가게되는 빵집은
전부, 만드는 사람의
매력에 달려 있다.

이리에 씨가 빵 맛에 눈을 뜬 것은 어렸을 때였다. 고등학생 시절에 먹은 바게 트 맛에 반해서 빵집 순례를 시작했다. 어른이 되어서도 빵 사랑은 계속되어 북쪽으로는 홋카이도, 남쪽으로는 규슈, 오키나와까지 전국의 빵집을 돌아다 닌다. 이렇게 빵을 사랑하는 이리에 씨에게 가장 좋아하는 빵집을 묻자, 콕 집 어 하나만 말하기 어렵다는 대답이 돌아왔다. "사람은 매일 다른 음식을 먹고 싶어 하잖아요. 다양한 음식점이 있듯이 빵집도 매장마다 개성이 달라서 고를 수 없어요." 그래서 그날그날 기분과 먹고 싶은 빵에 맞는 가게를 찾아간다.

이리에 씨가 평소에 자주 가는 곳은 요요기우에하라에 있는 '카타네 베이커 리'. 일본산 밀과 르방종을 사용해서 굽는 빵은 종류도 많아서, 150가지의 빵 이 돌아가며 나온다. 쇼케이스를 보기 전까지 어떤 빵이 있는지 알 수 없고, 계절 한정 빵도 많기 때문에 근처에 왔을 때는 반드시 들러서 빵을 살펴본다. "카타네 베이커리의 빵은 대도시에서는 드물게 가격이 합리적이에요. 1,000엔 정도면 배가 부를 만큼 살 수 있어요."라고 이리에 씨는 말한다. 매일 사 먹어 도 부담되지 않는 가격이라는 점도 매력이라고 한다. 지하에 있는 카페는 카 타네 씨의 부인이 담당하는데, 갓 나온 빵과 요리를 먹을 수 있어 이리에 씨도 종종 이용한다. 10년째 다니고 있다는 이리에 씨에게 이 집만의 매력을 물었 더니, 이와 같이 답했다.

01. 이리에 씨가 꿈꾸는 빵집의 매력 이 모두 담긴 '카타네 베이커리'. 이곳 의 주인 카타네 씨와는 빵과 밀에 관 해서라면 끝도 없이 이야기가 이어진 다. 매장에는 일단 보면 사지 않고는 못 배기는 매력적인 빵이 가득하다. 02. 나무가 울창한 외부 벤치는 오래 머물고 싶을 정도로 편안하다. 03. 스 태프와 나누는 빵 이야기로 즐겁다.

Katane Bakery → p.38

04. 06. 지하에 있는 카페에서는 맛이 진하고 향이 구수한 **바게트**(250엔)를 즐긴다.
05. 그때그때 먹고 싶은 빵이 다르기 때문에 빵집 순례가 기대된다는 이리에 씨.

"빵도 물론 맛있지만, 카타네 씨 부부의 성품에 끌렸어요. 빵으로 여러 사람에게 행복을 전하고 있다는 그 느낌이 정말로 멋졌다고 생각해요."라며 카타네 셰프의 매력을 들려줬다.

멋진 수많은 빵집 가운데, 여성 장인하면 맨 먼저 떠오르는 가게가 있다. 미나미오사와에 있는 '치쿠테 베이커리'가 그곳이다. 자가제 효모와 일본산 밀로 먹는 사람에게 감동을 주는 빵을 만들며, 아직은 남성이 다수인 빵 업계에서 장인으로 인정을 받아 직원까지 고용하며 빵집을 경영하고 있다. "주인인 기타무라 씨는 매장을 이끄는 경영자이면서 동시에 빵을 만드는 장인이에요. 그리고 아내이자 엄마이기도 하지요. 쉬운 일은 아니지만 여성만이 자아내는 부드러운 분위기로, 유연하면서도 강인하게 가게를 꾸려나가는 기타무라 씨는 정말 대단한 사람이에요." 맛은 말할 것도 없고, 기타무라 씨의 인품이 빵에 그대로 드러나기 때문에 먹는 사람의 마음에도 울림이 전해진다. 많은 사람을 행복하게 만들어주는 장인이 있는 곳에 오지 않을 이유가 없다는 이야기이다.

런치와 디너 타임에 방문한 적이 있다는 도라노몬의 '블랑'. 온종일 맛있는 식사와 갓 구운 빵을 먹을 수 있는 빵 비스트로이지만, 밤 시간에 갈 것을 추천한다. 혼자 오는 여성도 많고 가게 내부가 좁아서 금세 옆자리 손님과 친해질 수 있다. "도라노몬이라는 도심에서 시타마치의 분위기를 느낄 수 있는 비스트로에요." 빵집 자체도 좋지만, 그곳에서 일하는 사람이 좋아서 자꾸만 가게 된다는 이리에 씨가 고른 빵집은 모두 주인의 훌륭한 인격이 그대로 녹아 있는 곳이다. 수많은 빵덕후와 동네 사람들에게 사랑받는 이유는 결국 이것 때문일지도 모른다.

이리에 아오이 씨

브레드 랩 총괄 디렉터. 빵에 관한 깊은 식견을 공유하고 싶어서 브레드 랩을 설립했다. 빵과 관련한 정보 전달 및 이벤트를 기획하고 운영한다. 저서 《크래프트 베이커리스 (*CRAFT BAKERIES*)》를 읽고 팬이 된 사람도 많다.

곤가리팡다 빵 클럽 리더
히노요코가 추천하는
—

Fiorentina Pastry Boutique

피오렌티나 페이스트리 부티크

우아한 분위기에서
빵을 고르는
가장 행복한 시간.

오리지널 구움과자들
다양하게 준비된 매장 내부

럭셔리한 호텔에서
맛보는 최고의 빵

이국적인 분위기의 롯폰기에 위치한 럭셔리한 호텔 '그랜드 하얏트 도쿄'. 이 호텔 안에 있는 '피오렌티나 페이스트리 부티크'에서는 약 30종류 이상의 바게트와 케이크, 페이스트리 등을 판매한다. 영업시간이 되자마자 곧바로 품절 되는 것도 있을 정도로 인기가 많다. 이 호텔에서 베이커리를 담당하는 요리장 혼다 슈이치 씨는 좋은 밀가루와 심혈을 기울인 제조법으로 빵을 굽는다. 또한 주방 안에만 있지 않고 매장에 직접 나와서 빵을 맛있게 먹는 방법을 고객들에게 알려주기도 한다. 히노요코 씨는 "혼다 셰프의 따뜻한 인품에 반해서 몇 년째 이곳을 찾고 있어요."라고 말한다. 셰프가 정성껏 만든 시그니처 빵과 계절마다 나오는 신상품을 고르는 즐거움이 있다. 최근에는 호텔 빵의 인기가 많아져서 선물용으로 구매하는 사람이 늘었다. 히노 씨도 다른 곳을 방문할 때 이곳의 빵을 자주 들고 간다고 한다.

'편안한 분위기에서 빵을 고를 때가 가장 행복한 시간'이라고 말하는 히노 씨는 가끔은 혼자서, 때로는 홈파티에서 많은 사람과 함께 빵을 즐긴다. 히노 씨에게 이곳은 맛있는 빵과 우아한 시간을 보내는 데 빼놓을 수 없는 장소인 셈이다.

01

02

03

01. 블랙 포피시드 페이스트를 반죽해 넣은 **몽데니쉬**(2,376엔) **02.** 리코타 치즈 크림과 오렌지 필이 잘 어울리는 **스폴리아텔레**(572엔) **03. 오크 도어 사워브레드**(238엔)은 동명의 레스토랑에서 제공되는 인기 빵이다.

피오렌티나 페이스트리 부티크 Fiorentina Pastry Boutique

주옥같은 호텔 빵을 즐긴다

도시의 중심. 롯폰기의 호텔 안에 있는 럭셔리한 페이스트리 숍이다. 시그니처 빵은 물론 호텔에서는 보기 드물게 카레빵과 단팥빵도 판매한다. 레스토랑에서 제공하는 인기 빵도 구매할 수 있다.

📞 +81-3-4333-8713 📍 港区六本木6-10-3 グランド ハイアット 東京 1F lobby 🕐 9:00~22:00 📅 연중무휴 🚇 지하철 롯폰기역 1C 출구에서 걸어서 3분

히노요코 씨

파티 코디네이터 / 곤가리팡다 빵 클럽 리더. 1999년에 빵 동호회 '곤가리팡다 빵 클럽'을 만들었다. 지금까지 1만 종류 이상의 빵을 먹었다.

24시간 365일 공방을
풀가동해서 **빵**을 만든다.

01. 시나몬 크라펜(216엔). 독일 노르트라인 지방의 전통 과자. 건포도를 넣어 만든 빵에 유기농 설탕과 시나몬을 뿌렸다. **02.** 홋카이도 비에이초에서 배달되는 저지 우유(Jersey Milk)를 넣는 등 자국산 식자재로 만드는 빵이 가득하다.

요리연구가, 야채 소믈리에
사카구치 모토코 씨가 추천하는
—
Boulangerie LA TERRE
블랑제리 라 테르

재료와 기술이 빚어내는 빵

사카구치 씨가 이 가게를 추천하는 이유는 명확하다. "변함없이 재료에 파고드는 그 고집이 매력이에요. 빵마다 다른 밀가루를 쓰고 소금이나 물도 아무거나 쓰지 않죠. 장인의 기술과 허끝에 느껴지는 깊은 맛은 우리의 일상에도 스며들고 있으니까요."라고 단골이 된 배경을 설명한다. 그 누구보다도 밀가루를 사랑하는 모리타 마사시 셰프와 고토 데쓰아키 셰프가 단백질의 양과 회분(灰分). 그리고 일본의 기후와 토지의 특성상 생겨나는 특유의 쫀득한 성질에 이르기까지 샅샅이 연구한다. "생산자에 대한 감사의 마음이 느껴지네요."라는 사카구치 씨의 말처럼. 빵 장인이 생산자의 밭을 정기적으로 방문하면서 신뢰 관계를 쌓아가고 있다. 재료에 대한 애정이 120% 느껴지는 가게이다.

블랑제리 라 테르
Boulangerie LA TERRE

장인이 일본의 밀을 빛내다
홋카이도 비에이초산 오리지널 밀가루 '비에이노오카'와 '비에이노카제' 등 30종류 이상의 밀가루로 100가지가 넘는 빵을 굽는다. 사각 식빵 '비에이노오카'(303엔)는 결이 곱고 촉촉하며 쫄깃쫄깃하다.

📞 +81-3-3422-1935 ⊙ 世田谷区 三宿 1-4-24 ⏰ 7:00~19:00 📅 비정기 휴일 ♟ 도큐 덴엔토시선 이케지리오하시역 서쪽 출구에서 걸어서 7분 🌐 laterre.com/boulangerie ⓘ @laterremishuku

Boulangerie ROLASO

'도쿄 베이커리 & 카페' 편집장
시라카타 미키 씨가 추천하는

—

Boulangerie ROLASO

블랑제리 로라소

01

로라소의 빵이 있다, 그것만으로도 행복하다.

유명한 빵집 밀집 지역 중 한 곳인 무사시코야마(武蔵小山). '어? 이런 곳에 이런 귀여운 빵집이?'하고 궁금해서 들어간 것이 첫 만남이다. 프랑스 사람인 로랑 씨가 굽는 바게트(→p.71)의 맛에 반하고 나서부터는 로라소의 빵에 완전히 중독되고 말았다. 자가제 효모와 엄선한 버터로 정성껏 만든 로라소의 빵은 하나같이 부담 없는 맛이다. 한 입 먹을 때마다 "역시 맛있어."라는 감탄이 절로 나온다. 파티시에이기도 한 부인 아키코 씨가 만드는 과자, 그리고 함께 나누는 대화가 즐거워서 오늘도 민트 그린의 문을 연다.

블랑제리 로라소 Boulangerie ROLASO

본고장 프랑스 출신 주인의 빵
프랑스인 셰프가 운영하는 블랑제리이다. 일본에서 구할 수 있는 식자재로 본고장의 맛을 추구하는 고집이 있다. 바게트 등의 하드 계열을 중심으로 늘 20~30종류의 빵을 만든다. 직접 만든 잼과 구움과자도 판매한다.

📞 +81-3-3713-6620 📍 目黒区目黒本町 3-3-2 🕐 10:00~19:00, 토·일요일, 공휴일 ~18:00 (매진 시 영업 종료) 📅 월·화요일 🚇 도큐 메구로선 무사시코야마역 서쪽 출구에서 걸어서 5분 🌐 rolaso.net ⓕ @ boulangerie_rolaso

01. 천연 효모로 만든 호밀빵, **팽드 세이글**(346엔). 본고장 프랑스에서는 홍합 요리에 곁들인다.

02. **쇼콜라**(238엔)는 로랑 씨의 꿈이었던 '초콜릿 범벅'을 실현한 빵이다.

157

편집부 초이스 'MY BAKERY'

편집부 **하세가와 미호 씨**의 추천

근처에 살아서 자주 이용합니다. 씹을 때마다 밀의 감칠맛이 입안에 퍼지는 르방과 진한 바나나 케이크를 제일 좋아해요!

타루이 베이커리 TARUI BAKERY

맛이 깊은 천연 효모빵

요요기우에하라의 유명한 빵집 '르방' 출신의 타루이 셰프가 운영하는 베이커리이다. 건포도와 커런트, 호두가 듬뿍 들어간 르방(395엔 1/2사이즈) 등, 자가제 천연효모로 만드는 하드계열 빵을 중심으로 판매한다.

📞 +81-3-6276-7610 📍 渋谷区代々4-5-13 レインボービル3 1F 🕐 9:00〜19:00 🗓 월요일 🚃 오다큐선 산구바시역에서 걸어서 2분 📷 @ taruibakery 📷 @taruibakery

편집부 **마키타 아사카 씨**의 추천

출출할 때 자주 먹는 앙쿠페. 안에 들어 있는 달콤한 팥앙금이 고급스럽고 맛도 좋아요. 크기는 작지만 만족도는 큽니다.

토라야 카페 앙 스탠드 신주쿠점 TORAYA CAFÉ・AN STAND 新宿店

오랜 전통의 화과자집 토라야에서 만든 카페

단팥으로 만든 다양한 디저트를 맛볼 수 있어서 단팥을 좋아하는 사람이라면 꼭 가봐야 할 곳이다. 아침에는 앙토스트(486엔)와 앙쿠페(432엔)에 커피를 곁들여도 맛있다. 단팥 페이스트 같은 선물용 상품도 있다.

📞 +81-3-6273-1073 📍 渋谷区千駄ヶ谷 5-24-55 NEWoMan SHINJUKU 2F 🕐 10:00〜22:00 (토・일요일・공휴일 〜21:30) 🗓 비정기 휴일 🪑 스탠딩 테이블석만 있다. 🚃 JR 신주쿠역 신남쪽 출구에서 나와서 바로 🌐 @toraya-group.co.jp/toraya-cafe/shops/shinjuku 📷 @ torayacafe

작가 **오하시 가나코 씨**의 추천

조리빵과 샌드위치 등 종류가 많아요. 전부 개성이 강하고 맛있어요! 뭘 먹을지 늘 고민하게 됩니다.

마미 브레드 マミーブレッド(Mammy Bread)

변함없는 노포 베이커리 카페

다양한 재료의 조합을 보는 것이 즐거운 조리빵은 먹고 나면 든든하다. 카페 공간에서 명물인 크림스튜 쓰보야키와 햄버그스테이크, 파스타 등의 런치메뉴를 먹어보는 것도 추천한다.

📞 +81-3-3357-7779 📍 新宿区荒木町4-4 森初ビル 1F 🕐 8:00〜18:00, 토요일 〜17:00 🗓 일요일・공휴일, 토요일은 비정기 휴일 🪑 30석 🚃 지하철 요쓰아산초메역 4번 출구에서 걸어서 4분

포토그래퍼 **후루네 가나코 씨**의 추천

하드계열의 심플한 빵을 좋아해서 자주 사러 가요. 편안한 매장 안에 서 빵을 먹는 때가 최고로 행복한 시간입니다!

팡토카페 에다오네 パンとcaféえだおね

하드계열 빵 위주로 구성

자가제 효모로 만든 하드계열 빵과 샌드위치를 파는 곳이다. 직접 만 든 파테를 넣은 반미(600엔) 등 샌드위치 메뉴도 다양하다. 개방감 있 는 편안한 테라스에는 반려동물 동반도 가능하다.

📞 +81-3-6383-5422 📍 杉並区荻窪 5-23-1 🕐 11:00~19:00 📅 화 · 수 요일 🪑 28석(테라스 8석 포함) 🚇 JR 오기쿠보역 남쪽 출구에서 걸어서 3분 🌐 edaone.jp 📘 @edaone.jp

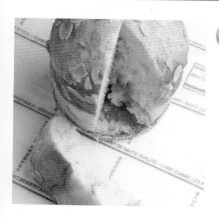

편집부 **사토 슌스케 씨**의 추천

브리오슈 오렌지(605엔)를 추천합니다. 오렌지 필의 상큼한 맛에 손 이 멈추질 않아요. 버터가 듬뿍 들어가서 촉촉하고 폭신폭신해요.

크리올로 クリオロ(CRIOLLO) 東京本店 小竹向原

다수의 콩쿠르에서 수상한 파티세리

프랑스인 파티시에 산토스 앙투안의 파티세리이다. 치즈 케이크 페이 스트를 넣고 만든 데니쉬 프로마주(290엔) 등 이곳에서만 볼 수 있는 리치하고 고급스러운 빵이 많다.

📞 +81-3-3958-7058 📍 板橋区向原 3-9-2 🕐 10:00~20:00 📅 화요일 (공휴일인 경우 영업) 🪑 46석(테라스 20석 포함) 🚇 지하철 고타케무카이하 라역 3번 출구에서 걸어서 3분 🌐 ecolecriollo.com 📘 @ecolecriollo 📷 @ ecolecriollo 📷 @criollo2016

디자이너 **사토 조다 씨**의 추천

하라주쿠역에서 걸어갈 수 있는 빵집이에요. 저녁에 가면 완판 될 정 도로 인기가 많으니 일찍 가는 편이 좋아요. 자동 계산대를 도입해서 위생까지 신경 쓰는 노력도 대단합니다.

마스다세이팡 ますだ製パン

소박한 빵이 고객의 마음을 사로잡다

하드계열부터 옛날식 빵까지 장르를 가리지 않는 폭넓은 라인업이 매 력적이다. 달콤한 데니쉬도 맛있지만 제대로 만든 속 재료를 넣은 조 리빵은 포만감까지 있어서 매일 점심으로 먹기에도 안성맞춤이다.

📞 +81-3-5410-7732 📍 渋谷区神宮前 2-35-9 原宿リビン 1F 🕐 11:00~16:00 📅 토 · 일요일 · 공휴일 🚇 지하철 기타산도역 A2 출구에서 걸어서 7분 📷 @masudaseipa

빵의 기본론
일본산 밀
빵 장인의 밀 이야기
빵 용어 25

BAKERY LAB

팡라보 회장
이케다와
함께하는
'도쿄 빵' 클럽

빵을 찾아서 북쪽으로는 홋카이도, 남쪽으로는 규슈까지 전국을 돌아다니는
빵 전문가이자 괴짜 이케다 회장과 하야시 부회장.
회원도 늘어서 활발하게 활동 중이다.
빵과 일본산 밀에 관해서 공부하고 그 매력을 알리고 있다!!

01
먼저 빵의 기본론을 공부하자!

빵은 도쿄 빵부 활동에 꼭 필요한 요소이다.
어떤 재료로 어떻게 만드는가.
알면 알수록 깊이 있는 빵의 기본을 배워보자.

[빵 클럽 활동 멤버]

회장 이케다
빵 연구소 '팡라보'의 리더. 작가 겸 카메라맨, 에디터로서 매일 빵과 관련한 활동을 한다.

부회장 하야시
'팡토마타네기(빵과 양파)'라는 닉네임으로 일러스트레이터로 활약하는 빵 애호가. 일러스트가 귀여워서 팬도 많다.

회원 노다
빵을 좋아하는 우등생. 이케다 회장의 가르침 덕분에 얼마 전부터 회원이 되었다. 빵 공부에 여념이 없다.

회원 하세가와
노다와 함께 가입했다. 유행에 민감한 덕분에 도쿄의 맛있는 빵을 끊임없이 발견한다.

회원 사토 (New)
빵 클럽의 활동을 동경해서 가입한 촉망받는 루키. 스마트폰을 활용해서 빵 정보를 모은다.

회원 마키타 (New)
밀의 향기에 반해서 가입했다. 탐구심은 많지만 소식가이기 때문에 다 못 먹는 빵을 사토에게 떠넘기기도 한다.

기본론의 기 나라마다 개성이 모두 다르다!
빵의 종류와 타입을 알아보자!

우리 주변에는 다양한 종류의 빵이 있는데, 크게 두 가지 타입으로 나눌 수 있다. 하나는 '간소한', '메마른'이라는 뜻의 '린 브레드(lean bread)', 즉 저배합빵이다. 기본 재료인 밀가루, 물, 빵효모, 소금을 주원료로 만들고 바게트처럼 딱딱한 식감이 특징이다. 다른 한 가지는 저배합빵과는 반대로 '진한', '풍부한'이라는 의미를 지닌 '리치 브레드(rich bread)' 즉 고배합빵이다. 기본 재료에 설탕과 달걀, 우유, 버터가 들어가서 달콤하고 부드럽다. 대표적으로 크루아상이 있다. 나라마다 즐겨 먹는 빵이 다르기 때문에 비교해 보는 재미가 있다.

유럽을 대표하는 나라별 빵과 특징

프랑스 시그니처적인 존재 크루아상

타입 고배합빵 | 주요 곡물 밀가루

프랑스를 대표하는 빵이라고 하면 바로 크루아상이 떠오른다. 반죽에 버터를 넣기 때문에 식감이 바삭바삭하고 맛과 향이 풍부하다는 특징이 있다. 고배합빵 외에도 바게트와 버터롤, 캄파뉴 같은 저배합빵도 많아서 빵의 종류가 다양한 나라이다.

영국 샌드위치로 인기인 산형 식빵

타입 저배합빵 | 주요 곡물 밀가루

영국 상류계급의 문화인 애프터눈 티타임에 빵은 절대 빠질 수 없는 존재이다. 나라 이름이 들어간 산형 잉글리시 식빵은 토스트와 샌드위치로 먹고, 스콘이나 잉글리시 머핀 등의 전통 빵은 식사 또는 티타임에 즐겨 먹는다.

이탈리아 올리브오일이 들어간 포카치아

타입 저배합빵 | 주요 곡물 밀가루

고대 로마 시대부터 만들어 온 전통 플랫 브레드 포카치아와 스틱 모양의 그리시니 등 개성적으로 생긴 빵이 많다. 와삭와삭 씹히는 저배합빵 종류가 많은데 모두 올리브오일을 찍어서 먹는 것이 일반적이다.

독일 꾸밈없지만 유니크한 브레첼

타입 저배합빵 | 주요 곡물 밀가루

라틴어로 팔을 뜻하는 브레첼은 짭짤한 맛과 식감 때문에 술안주로 인기가 많다. 독일에서는 밀 재배가 어려워서 주로 호밀로 빵을 만들어 먹었다. 은은한 산미와 색이 진한 속살, 결이 치밀하고 묵직한 빵이 많다.

기본론의 본 폭신폭신하게 변신시키는 마법의 재료
빵이 맛있어지는 발효의 비밀을 살펴보자

빵을 만들 때 빼놓을 수 없는 공정이 발효이다. 발효 과정에서 반죽 안으로 들어간 미생물이 활동하는데, 그때 탄산가스가 배출되면서 반죽이 속 부푼다. 발효원으로는 빵효모, 그리고 곡물 및 채소, 과일을 배양해서 만드는 발효종이 있다. 시판되는 빵효모는 자연계에 존재하는 균 가운데 빵을 만들기 적합한 것을 인공 배양하여, 다루기 쉽고 잘 부푼다는 특징이 있다. 발효종은 온도관리가 어렵고 팽창도 불안정해서 다루기 힘들지만 독특한 풍미와 식감, 그리고 향을 즐길 수 있다.

빵이 폭신폭신하게 부푸는 비밀이 이거였군!

빵을 크게 부풀리려면 발효종이 필수다. 직접 만들 수도 있다.

기본론의

론 맛있는 빵이 완성되기까지의 여정은 길기도 하다!?

빵 제조법과 공정을 배우자

빵의 종류와 발효의 비밀을 배워서 기초를 뗐다면 드디어 클라이맥스! 반죽 만들기부터 빵이 구워지기까지의 공정을 함께 공부해보자!

빵 만들기의 기본 공정 (바게트)

1 **반죽 믹싱**

재료를 섞고 탄력이 생길 때까지 주물러서 반죽을 만든다.

2 **1차 발효**

빵에 향이 배어 나오도록 반죽을 휴지시키고 발효를 촉진한다.

3 **분할, 둥글리기 (벤치 타임)**

필요한 양만큼 나눠서 동그랗게 만든 다음 반죽을 휴지시킨다.

4 **성형**

빵의 모양을 만든다.

5 **최종 발효**

빵을 구울 수 있는 크기가 될 때까지 반죽을 발효시킨다.

6 **굽기 (오븐에 넣기)**

최종 발효로 부풀어 오른 반죽에 칼집을 넣고 굽는다.

7 **오븐에서 꺼내면 빵 완성!**

이것이 바로 숙련된 장인의 뛰어난 기술! 빵타스틱!

빵 탄생의 역사를 들여다보자

인류와 빵의 역사는 깊고도 오랜 시간을 거쳐서 진화해 왔다. 빵이 어떻게 탄생했는지, 전 세계와 일본의 빵 역사를 함께 더듬어보자.

B.C.6000년경 ▼
밀가루와 물만으로 발효시키지 않고 넓적하게 구운 빵 탄생 (고대 메소포타미아)

B.C.3000년경 ▼
밀가루를 발효시킨 발효빵 등장 (고대 이집트)

B.C.1000년경 ▼
빵 만드는 기술이 이집트에서 그리스, 로마로 전래 (로마)

B.C.300년경 ▼
중국을 거쳐서 일본에서도 밀을 먹게 된다.

16세기 중반 무렵 ▼
빵 만드는 기술이 향상되고 대포, 소총 등과 함께 빵이 전래

17~19세기 무렵 ▼
나가사키에서 발효빵을 굽기 시작한다.

19세기 후반 ▼
서양 문화가 침투하기 시작한 메이지 시대에 과자빵이 탄생

20세기 전반 ▼
제1차 세계대전 중에 독일인 포로에 의해 일본에도 독일 빵이 보급

20세기 후반
제2차 세계대전 이후 식량위기를 극복하고 빵이 식탁에 보급된다.

일본산 밀에 대해서 낱낱이 알아보자!

다니다보면 '국산 밀', '햇밀'이라는 단어를 보게 된다. 지금 가장 뜨겁게 주목받는 일본산 밀의 특징과 맛의 비밀을 탐구한다.

일본산 밀의 인기가 상승 중!

 최근 여기저기서 일본산 밀에 대해서 듣게 되는데요, 일본산은 어떤 점이 특별한가요?

 일본에 유통되는 밀가루는 주로 수입 밀과 일본 내에서 수확한 밀로 만들어요. 보통 일본의 밀 소비량은 외국산이 많지만 최근에는 일본산 밀의 수요도 늘고 있지요.

 수입산과 일본산 밀은 어떻게 다른가요? 어느 것이 더 맛있나요?

 좋은 질문이에요. 어느 쪽이 더 좋다거나 하는 건 아니에요. 외국 밀도 맛있어요. 다만 최근에는 우리 지역에서 생산된 것을 지역 내에서 소비하자는 '지산지소'의 의식이 높아지고 있기도 해서, 농가와 제분회사 그리고 빵집이 힘을 모아 국산 밀의 맛을 널리 알리려고 하고 있어요.

 그렇군요. 수입하려면 시간도 걸리고, 무엇보다 금방 수확한 밀을 바로 먹을 수 있다는 점은 좋네요.

 그렇죠. 국산 밀이라면 어디에서 생산되었는지 원산지 확인도 쉽고, 생산자를 만나보러 갈 수도 있고.

일본인 입맛에 맞는 쫄깃쫄깃한 식감

 회장님이 조금 전에 '외국 밀도 맛있다'고 했는데요. 일본산 밀에는 어떤 특징이 있나요?

 외국산과 비교해서 단맛이 나고, 쌀에 가까운 일본인 취향의 풍미가 느껴지고, 목 넘김이 좋아서 몸으로 다 흡수되는 느낌이 들어요.

 같은 밀인데 나라나 산지에 따라서 맛과 향이 달라진다니 재미있네요!

 특히 홋카이도산 밀은 떡처럼 쫄깃쫄깃한 느낌이 있어서 일본인 입에 잘 맞는 듯해요.

 일본산 밀은 깊이가 있네요.

일본 전국이 산지. 밀의 종류와 특징

 일본산 밀의 장점은 이해했어요. 그런데 밀은 도대체 어디에서 재배되고 있나요?

 홋카이도 아닐까요? 땅도 넓고요.

 밀은 남쪽은 규슈, 북쪽은 홋카이도까지 일본 각지에서 재배하고 있어요. 햇밀의 해금일도 8월 상순에 규슈를 시작으로 주부(中部)지역에서 간토, 10월 하순에 홋카이도로 이어지지요.

 전국에서 밀을 재배한다니 처음 알았네요. 각 지역에서 재배하는 밀은 전부 같은 품종인가요?

 산지마다 재배하는 품종이 달라요. 빵 전용 밀의 품종도 많이 개량되고 있어요.

 밀은 전부 하나의 품종이라고 생각했는데 아니었군요.

 종류에 따라 맛도 향도 다 달라서, 각각의 개성이 있다는 점이 특징이지요.

 산지가 다른 밀을 사용해서 빵을 만들어 비교해가며 먹어보면 재밌을 것 같아요.

 가정용으로도 다양한 일본산 밀을 판매하고 있으니 실제로 직접 빵을 만들어 보는 것도 공부가 될 거예요.

일본산 밀은 직접 먹어봐야 그 맛을 알 수 있어요!

드디어 수확 시기!

빵의 원료가 되는 밀의 구조를 알아보자

밀 기울(표피)
배유
배아

밀 알갱이는 세 부분으로 구성된다. 배유만 남기면 밀가루가 되고, 모두 들어 있는 것이 전립분이 된다.

밀의 1년 ~건강한 밀이 여물기까지~

파종기(9~11월) → **휴면기(12~2월)** → **쑥쑥 성장(4~6월)** → **수확기(7~8월)**

밭에 퇴비를 뿌리고 밀이 잘 자라도록 토양 만들기. 씨를 뿌린 뒤 건강하게 싹이 나기 시작한다.

눈이 쌓이는 홋카이도에서, 밀은 비교적 따뜻한 눈 아래에서 봄이 오기를 가만히 기다린다.

눈이 녹고 나면 단숨에 성장. 이삭이 패고 꽃이 피고 나면 밀알이 여문다.

푸릇푸릇하던 밀 이삭이 황금색으로 물들고 자실의 수분이 감소하면 수확이 임박했다!

※사진은 홋카이도산 가을 파종 밀의 성장 모습. 산지에 따라서 시기는 달라진다.

 토스트가 예쁜 색을 내고 잘 구워졌을 때의 쾌감 #빵공감

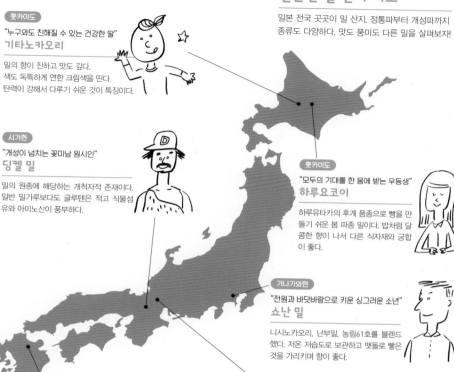

남쪽에서부터 북상하는 밀 전선!!
일본산 밀 산지 지도

일본 전국 곳곳이 밀 산지. 정통파부터 개성파까지 종류도 다양하다. 맛도 풍미도 다른 밀을 살펴보자!

홋카이도
"누구와도 친해질 수 있는 건강한 딸"
기타노카오리
밀의 향이 진하고 맛도 깊다.
색도 독특하게 연한 크림색을 띤다.
탄력이 강해서 다루기 쉬운 것이 특징이다.

시가현
"개성이 넘치는 꽃미남 원시인"
딩켈 밀
밀의 원종에 해당하는 개척자적 존재이다.
일반 밀가루보다도 글루텐은 적고 식물섬유와 아미노산이 풍부하다.

홋카이도
"모두의 기대를 한 몸에 받는 우등생"
하루요코이
하루유타카의 후계 품종으로 빵을 만들기 쉬운 봄 파종 밀이다. 밥처럼 달콤한 향이 나서 다른 식자재와 궁합이 좋다.

가나가와현
"전원과 바닷바람으로 키운 싱그러운 소년"
쇼난 밀
니시노카오리, 난부밀, 농림61호를 블렌드했다. 저온 저습도로 보관하고 맷돌로 빻은 것을 가리키며 향이 좋다.

규슈지역
"뜨거운 라틴의 피가 끓는 인기남"
미나미노카오리
아르헨티나의 밀 품종에 뿌리를 두고 있다.
제빵성이 뛰어나서 풍미가 진하고 먹기 좋으며 식감은 쫄깃한 고단백이다.

미에현
"천진난만하게 시골에서 자란 소박한 아이"
구와나 찰 밀
밀의 전분질에 찰기가 있는 밀가루.
쫄깃쫄깃하고 촉촉하며 야키모치(구워먹는 떡) 같은 구수한 맛과 향이 난다.

일본산 밀과 햇밀 활성화를 위한 단체

타입별 햇밀에 담긴 이념을 지지하며 일본산 밀과 햇밀을 활성화를 위한 활동을 하는 단체 소개 (참가 단체는 2018년 10월 당시)

홋카이도
다이요제분(大陽製粉)

거대한 맷돌로 천천히 밀을 간다

가나가와
쇼난 고무기(湘南小麦)

커다란 콤바인으로 밀 수확 작업

홋카이도
마에다농산(前田農産)

홋카이도
에베쓰제분(江別製粉)

• 다이치도(大地堂) 히로세 게이치로(廣瀬敬一郎)[시가] • 마에다식품(前田食品)[사이타마·이바라키] • 호테이식량(布袋食糧)[아이치] • 돗토리현 다이센 고무기 프로젝트(鳥取県大山こむぎプロジェクト)[돗토리] • 구마모토제분(熊本製粉)[구마모토] • 나카가와농장(中川農場)[홋카이도] • 보쿠라노코무기(ぼくらの小麦)[가나가와·야마나시] • 소자이야(素材舎)[미에] • 우메노제분(梅野製粉)[후쿠오카] • 로노와(ろのわ)[구마모토] • 니시오제분(西尾製粉)[아이치]

토스트에 바르는 버터의 양이 점점 늘어간다 #빵공감

03
—
햇밀 빵도 만들어요
빵 장인에게 듣는
밀 이야기

올해도 햇밀의 계절이 돌아왔다.
햇밀과 일본산 밀에 애정을 쏟는 빵 장인들.
그 진심에 관해서 이야기를 들어봤다.

팡야 코모레비 주인
사이키 도시오 씨

간사이의 유명 블랑제리에서 경력을 쌓고 독립했다. 2010년 니시쿠역 상점가에 빵집을 열었다. '홋카이도산 밀과는 운명공동체'라는 사이키 씨. 그리고 밀 농가에 대한 애정은 누구보다도 크다.

2:00 하루의 시작

날씨를 확인하고 준비를 시작한다. 15분 후에는 부인도 합류한다. 코모레비 식빵의 성형부터 시작해서 커스터드를 굽고, 조리빵에 넣을 속 재료를 만드는 등 아침부터 엔진을 전부 가동한다.

> 햇밀 빵 먹었습니다.
> '기타노카오리'도 '하루요코이'도
> 단맛이 훌륭했어요.

> 신선한 느낌이 좋아요.
> 밀이 도착했으니 우리도 지금부터는
> 햇밀로 바꿉니다!

코모레비 주인 사이키 씨와
이케다 회장이 밀 사랑에 관해서
이야기 나누다!?

이케다　코모레비에서는 모든 상품에 일본산 밀을 사용하고 계시죠?
사이키　네. 전부 홋카이도산 밀입니다.
이케다　어떤 품종을 쓰시나요?
사이키　주로 하루요코이를 씁니다. 그리고 기타노카오리, 기타호나미, 호쿠신 등 현재 홋카이도에서 재배하는 밀 거의 전 종류를 사용하지요.
이케다　독자들에게 맛의 차이를 알려주실 수 있나요?
사이키　하루요코이는 쌀에 가까운 단맛이 나서 맛이 익숙합니다. 기타노카오리도 단맛이 있기는 하지만 여운이 독특해요. 호쿠신은 곡물의 느낌이 강합니다. 제 생각에는 가장 밀다운 풍미입니다. 기타호나미는 호쿠신의 이후의 품종이

지만 부드러워요. 순한 맛이 있지요. 저는 호쿠신을 정말로 좋아해서 바게트에는 호쿠신을 씁니다. 지금 드셔보시겠어요?
이케다　듣기만 해도 군침이 도네요. 맛있겠어요. (시식 중) 맛과 향이 갑자기 확하고 퍼지네요. 크러스트(겉껍질)만 먹어 볼 뿐인데.
사이키　곡물 느낌이 느껴지요.
이케다　맛있어요. 겉껍질만 모아서 팔아보시는 건 어때요? (웃음) 안에 속살은 밥처럼 느껴져서 매일이라도 먹겠어요. 반찬하고 먹어도 어울릴 것 같아요.
사이키　다양한 요리와 잘 어울리는 빵을 만들고 싶었어요.
이케다　바게트치고는 쫄깃쫄깃하다고 생각했는데 먹어보니 알

5:00 직원 합류
바게트를 준비하면서 동시에 다음 날 준비까지 한다.

 9:00 매장 오픈
준비를 계속 하면서 잠시 휴식을 취하고 짧게 아침을 먹는다.

 19:00 매장 마감
직원 퇴근. 빵 판매 상황에 따라서 일찍 끝나는 날도 있다.

 20:00 매장을 나서다
정리, 청소를 마치고 귀가. 아내와 저녁 식사(외식)

A. 동그란 빵은 종류가 다양하다. 블루베리, 밀크 초콜릿에 계절 한정 상품도 있다. **B.** 하드계열부터 간식계열까지 50가지의 빵이 잇따라 매진된다. **C.** 부인도 빵 장인. **D.** '빵만 먹으면 기운이 난다'고 하는 이케다 씨가 빵을 고르는 눈은 진지하다.

사이키 씨가 설명하는 일본산 밀로 만든 빵
신선한 밀은 풍미가 더 풍부하다. 비교하며 먹는 것도 재미있다. 시기가 한정되어 있으니 서두르시길.

말린 고구마 동그란 빵 110엔
코모레비 식빵과 똑같은 반죽으로 만드는 빵이다. 홋카이도 도카치의 마에다 농산에서 재배하는 하루요코이를 사용한다. 껍질은 바삭하고 속이 쫄깃해서 인기가 많다.

코모레비 바게트 290엔
홋카이도의 호쿠신을 사용했다. 겉껍질은 구수하고 속살은 쫄깃쫄깃하다. 향이 진하고 영양이 풍부한 곡물의 느낌이 강하게 느껴지는 맛이다.

아침에 굽는 크림빵 190엔
매일 아침 만드는 커스터드 크림이 잔뜩 들어간다. 기카이지마 섬에서 생산된 비정제 설탕을 사용해서 크림에 감칠맛이 있다.

팡야 코모레비
PANYA komorebi

📞 +81-3-6379-1351 📍 杉並区 永福 3-56-29 🕐 9:00~19:00 월·목요일 💺 4석 🚇 게이오 이노카시라선 니시에이후쿠역 북쪽 출구에서 걸어서 2분

겠네요. 입에 넣었을 때 느낌이 진해요. 정말 잘 만드셨어요.

사이키 호쿠신은 맥이 끊긴 적이 있어요. 남은 것을 쓰고 있었는데 제 상황을 안 농가에서 다시 재배해 주셨지요. 정말로 기뻤습니다. 그래서 호쿠신으로 바게트를 만들어서 농가에 보내드렸어요.

이케다 사람과 사람 사이의 교류, 보기 좋네요. 일본산 밀은 누가 재배하는지 얼굴을 알 수 있지요. 빵을 만들 때도 그 얼굴이 떠오르나요?

사이키 밀을 재배하는 사람과 만나고, 현장을 피부로 느끼면 밀에 대한 마음, 빵에 대한 애정이 커집니다. 많은 사람이 제가 만든 빵을 먹고 밀 맛의 차이를 느끼는 기회가 되었으면 좋겠어요.

이케다 이곳의 빵을 먹으러 오는 손님들은 일본산 밀의 맛을 이론적으로는 몰라도 체감은 하고 있던 셈이네요. 아이들과 함께 오는 사람이 많은 이유도 안심하고 먹을 수 있다고 생각하기 때문이겠지요.

사이키 어른, 아이 할 것 없이 편하게 올 수 있는 동네 빵집이 되고 싶습니다.

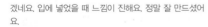

빵이 너무 먹고 싶어서 집까지 가지고 갈 수 없다. #빵공감

시행착오를 거치면서 밀을 잘 다루게 되다
구니시마 다케토 씨 `블랑제리 베 셰프`

"지산지소*를 염두에 두고 쭉 자국산 밀을 사용하고 있습니다."라고 구니시마(國島) 씨는 말했다. 예전에는 일본산의 유통량이 적고 취급 방법에 대한 정보도 거의 없었기 때문에, 원하는 식감을 내지 못해서 일본산을 멀리한 때도 있었다. 이런저런 시기를 거쳐서 현재는 홋카이도산 하루요코이 밀을 사용한다. "햇밀은 신선한 향과 단맛이 곧바로 느껴집니다." 햇밀로 만든 하드 토스트는 일본에서 물맛이 좋다고 알려진 이 지역의 '오이즈미 명수회(大泉名水会)'의 물을 사용한다. 햇밀은 평소 사용하는 밀과는 다른 방법으로 다뤄야 하기 때문에 테스트를 받는 기분이라고 한다. '결실을 보게 된 것에 감사하며, 농가 및 제분회사와 함께 일본산 밀의 장점을 널리 알려 나가고 싶다'는 마음을 담아 구니시마 씨가 만드는 빵은, 밀에서 빵이 되기까지 거쳐 온 사람들의 얼굴이 보일 것 같은 정성이 가득 담긴 빵이다.

A. 맛있는 빵을 굽기 위해 구운 색을 조절하는 구니시마 씨. **B.** 꾸준하게 인기 있는 바게트(291엔~) 등, 자가제 발효종과 호밀, 맷돌로 빻은 전립분을 사용한 하드계열 빵을 항상 15가지 정도 만든다. **C.** 말린 과일과 견과류 등 계절에 따라 달라지는 빵도 기대된다.

블랑제리 베 Boulangerie bèe

*地産地消. 지역에서 생산된 농산물은 지역에서 소비한다는 뜻

📞 +81-3-5387-3522　◎ 練馬区
東大泉　1-27　🕙 10:00~19:00
일·월요일　◎ 세이부 이케부쿠로선 오이즈미가쿠엔역 북쪽 출구에서 걸어서 6분　 @bbwanon ◎ @
boulangerie.bee

일본사람이니까
일본의 밀을 쓰고 싶어요.

Ⓐ

가게의 빵에 맞는 일본산 밀을 엄선

가와모토 소이치로 씨 '블랑제리 장고' 셰프

가와모토(川本) 씨가 일본산 밀을 사용하기 시작한 것은 몇 년 전이다. 햇밀로도 빵을 만들기 때문에 초가을부터 늦가을까지 한정판 햇밀 바게트도 판매한다. "최근 들어 일본산 밀이 아주 맛있어졌어요."라고 가와모토 씨는 말한다. 특히 햇밀은 도정한 지 얼마 되지 않아서 향이 완전히 다르다고 한다. 기본적으로 부재료를 넣지 않고 반죽 자체의 맛으로 먹는 빵에 햇밀과 일본산 밀을 사용한다. 매장에서 만들 빵을 고려해서 선택한 홋카이도산 밀 3종을 메인으로, 바게트는 100%. 다른 빵에는 악센트를 주는 정도만 넣는다. 또한 가을에 들어오는 하치오지산 햇밀을 이용해서 '밀에서 아이디어가 떠오르는 빵'에 도전하고 있다. 운이 좋으면 가와모토 씨 혼신의 역작을 만나게 될지도 모른다.

무슨 일이든지 빵과 연관 짓는다. #빵공감

블랑제리 장고 Le Boulangerie Django

📞 +81-3-5644-8722 📍 中央区日本橋
浜町 3-19-4 🕐 8:30~18:00 📅 수 · 목
요일 🔍 정보 없음 🌐 la-boulangerie-
django.blogspot.com 📘 @Boulangerie-
Django-20173050539923528 ⚫ @b_django
◎ @b_django

A. 자국산 밀을 사용하는 것으로 일본의 밀 농가 지원으로 이어지
기를 바라는 가와모토 씨. **B.** '우리만의 빵을 만들고 싶다'는 마음
이 담긴 베이커리. **C.** 기본 빵부터 아이디어가 담긴 빵까지 70종류
이상 굽는다.

크루아상을 둘이서 나눠 먹으려고 반으로 자르면 가루가 너무 많이 떨어져서 생각보다 작아진다. #빵공감

맛있는 빵을 만들기 위해서 밀을 고르고 또 고릅니다.

밀의 특성에 맞춰서 빵을 만든다
시미즈 노부미쓰 씨 `'르 르소르' 셰프`

시미즈(清水) 씨가 일본산 밀에 관심을 두게 된 것은 프랑스를 떠나 일본으로 돌아온 다음의 일이다. 프랑스에서는 그 지방에서 수확한 밀로 빵을 만드는 것이 당연한 환경이었기 때문에, 일본으로 돌아왔을 때 일본에서는 어떤 밀을 재배하는지 궁금해졌고, 그 일을 계기로 자국산 밀을 쓰게 되었다. "품종이나 산지에 따라 달라서 한마디로 말하기는 어렵습니다만, 일본산 밀은 맛과 향이 좋아요."라고 시미즈 씨는 말한다. 매장에서는 쇼난 밀과 홋카이도산 등 다양한 밀을 사용해서 여러 가지 빵을 굽지만, 일본산이든 프랑스산이든 밀의 산지에 얽매이지 않고, 먹었을 때 맛있는 빵을 만드는 것이 최고라고 말한다. 이곳에 있는 빵은 밀의 개성을 최대한 끌어낸 빵이라는 사실에는 틀림이 없다.

C

르 르소르 Le Ressort

📞 +81-3-3467-1172 📍 目黒区駒場 3-11-14 明和ビル 1F
🕐 9:00～19:00, 토·일요일·공휴일 ～18:00 📅 월요일 (찾아가는 길) 게이오 이노카시라선 고마바토다이마에역 서쪽 출구에서 걸어서 1분 📷 @르루소르-228251783964640

A. 알맞게 구워진 **크루아상**(220엔)은 늘 완판 되는 인기 빵이다. B. 밀의 상태를 살피면서 트레이에 놓인 반죽을 솜씨 좋게 성형하는 시미즈 씨. C. 개성 있는 모양의 **팽 마카다미아 마롱**(280엔)은 식감이 바삭바삭하다.

점점 많아지는 중!
햇밀을 사용하는 베이커리

일본산 밀과 햇밀을 취급하는 베이커리가 도쿄에도 늘고 있다.
계절 한정 햇밀 빵을 꼭 먹어보자.

자꾸만 눈이 가서
고민하게 되네~!

자국산 식자재를 엄선한 빵
365일 → p.56
식자재를 전부 자국산으로 고집하는 철저
함. 맛도 있으면서 한 번에 다 먹을 수 있는
작은 사이즈의 빵이 많다.

쫄깃쫄깃한 식감의 햇밀 식빵
오팡 → p.84
시그니처 빵부터 데니쉬까지
상품 구색이 다양하다. 햇밀로
만든 식빵은 밀의 향이 구수하
다. 밀크프랑스도 인기다.

종류가 다양한 쫄깃쫄깃 베이글
테코나 베이글 웍스 → p.135
한번 먹으면 멈출 수 없는 쫄깃한 베이글
이 인기인 곳. 자가제 효모와 일본산 밀로
만든 베이글은 풍미가 진하다.

빵을 토스터에 데운 것을 깜빡 잊고 다음 날 말라비틀어진 빵을 발견! #빵공감

밀의 풍미가 살아있는 빵
카타네 베이커리 → p.38
자국산 밀을 사용한 빵으로 정평이 난 인기
베이커리로 상품 구성이 다양하다. 맛이 진
한 바게트는 밀 향기가 구수하다.

전부 맛있어 보이는
빵 밖에 없네.

빵과 와인의 조합
파라 에코다 → p.34
30가지 이상의 빵과 식사를 즐길 수 있
는 베이커리 카페. 햇밀로 만든 빵과 맛
있는 요리를 동시에 즐길 수 있다.

자가제 발효종을 고집하는 빵
치쿠테 베이커리 → p.30
건포도 등으로 키운 4종류의 자가제 효
모와 일본산 밀을 느리게 발효 시켜 만
드는 맛이 풍부한 빵이 많다.

곁들일 음식 만드는 데 시간이 너무 걸려서 토스트 한 빵이 식어버려 딱딱하다. #빵공감

빵 용어 25

—

빵의 기초부터 햇밀과 일본산 밀,
그리고 소소한 상식까지,
빵과 관련한 궁금증을 퀴즈로 풀어보는
'빵 용어 25'. 어려운 문제,
색다른 질문을 모두 맞춰서 만점을 노리자!

01 전립분은
어떤 상태의 가루인가?

02 바게트에 들어간
칼집을 부르는 말은?

06 강력분,
중력분,
박력분은
무엇의 양으로 결정되는가?

07 기대에 부풀어
오르는 것은 '가슴',
빵을 부풀리는 것은?

11 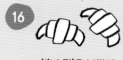 크러스트,
크럼이란
무엇을 뜻하나?

12 저배합빵, 고배합빵은
어떤 빵을 말하는가?

16 '초승달'을 본떠서
만든 빵은?

17 시베리아란 무엇인가?

21 스펠트밀은
어떤 밀?

22 '보리밟기'는
무엇인가?

활동의 집대성!
빵에 관한 문제에
모두 얼마나 대답할 수 있을지?

빵 용어가
너무 많아서
어렵네!!

그동안 공부했으니까
내가 우승!

03

일본어로는 '팡야',
프랑스어로는 '블랑제리',
그럼 독일어로는?

04
전국 각지에서 햇밀이
나오는 가을, 10월 20일에
해금되는 햇밀의 산지는?

05

'잉글리시 빵', '팽 드 미'는
어떤 빵을 가리키나?

08

'시골풍 빵'이라고
불리는 빵은?

09

글루텐은
어떤 역할을 하는가?

10
밀을 수확할 수
있는 때는 몇 월?

13
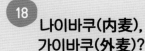
샌드위치
이름의 유래는?

14

밀의 어느 부분을
사용해서 밀가루를
만드는가?

15

벤치 타임은
어떤 시간?

18
**나이바쿠(内麦),
가이바쿠(外麦)?**
이것은 어떤 밀?

19

햇밀은 1년 내내
먹을 수 있는가?

20

비에누아즈리의 뜻은?

23

식빵의 단위는
무엇인가?

24

프랑스빵에는
어떤 종류가 있는가?

25
빵은
어느 나라 말인가?

회장님!
질문해도 돼요?

밀가루 문제는
심오하지~

177

01 전립분은 밀의 표피, 배아, 배유를 전부 빻아서 가루로 만든 것. 배유만 사용한 소맥분과 비교해서 영양가가 높다.	**02** 바게트와 바타르에 넣은 칼집을 쿠프라고 부른다. 쿠프를 넣으면 반죽이 예쁘게 부푼다.	**03** 독일어로 빵집은 '베커라이(Backerei)'이다. 독일 빵은 종류가 다양한데 특히 호밀을 사용한 묵직한 빵이 많다.	**04** 10월 20일에 햇밀이 해금되는 곳은 홋카이도. 일본에서 가장 마지막으로 수확한다. 기타노카오리 등의 햇밀이 등장한다.	**05** 산처럼 생긴 식빵, 즉 '산형 식빵'을 말한다(사각 식빵인 경우도 있다). 일본의 산형 식빵은 결이 촘촘한 내상이 특징이다.
06 밀가루의 차이는 함유된 단백질(글루텐)의 양이 결정한다. 식빵은 단백질이 많은 강력분, 바게트는 중력분을 사용한다.	**07** 빵을 부풀리는 것은 빵효모(발효종). 이것이 없으면 식감이 폭신폭신하지 않다. 발효종은 자가 배양도 가능하다.	**08** 시골빵=캉파뉴. 프랑스의 시골에서 만들어 먹던 빵이라서 이렇게 불린다.	**09** 빵이 발효할 때 나오는 가스가 밖으로 빠져나가지 않도록 잡아두는 역할을 한다. 글루텐이 강하면 폭신한 빵이 만들어진다.	**10** 햇밀의 해금일은 규슈~혼슈는 8월~9월. 홋카이도는 10월. 산지에 따라서 다르므로 꼭 체크할 것
11 크러스트는 구움색이 난 빵의 표면 부분을 말한다. 크럼은 안쪽의 부드러운 부분을 가리킨다.	**12** 저배합빵은 주원료인 밀가루, 소금, 이스트, 물로만 만든 빵. 고배합빵은 기본 재료에 설탕과 달걀, 버터 등의 유제품이 추가된 것	**13** 영국 귀족 샌드위치 4세 존 몬태규 백작이 카드 게임을 할 때 한 손으로 먹을 수 있도록 만들게 했다는 등 여러 가지 설이 있다.	**14** 밀의 구조는 '표피', '배아', '배유'의 세 가지로 구성. 밀가루는 배유 부분을 정제한다. 세 종류 다 사용한 것이 전립분이다.	**15** 벤치 타임은 분할, 둥글리기를 해 둔 반죽을 회복시키는 시간. 휴지를 시켜야 크기가 커져서 식감이 좋은 빵으로 완성된다.
16 프랑스어로 '초승달'을 의미하는 크루아상. 터키의 국기에 있는 초승달을 본떠서 만들었다고 전해진다.	**17** 시베리아는 카스텔라에 묽게 만든 양갱을 샌드 한 것. 양갱 부분이 설원을 달리는 시베리아 철도처럼 보여서 불리게 되었다는 등 다양한 설이 있다.	**18** 나이바쿠(内麦)는 국산(일본산) 밀, 가이바쿠(外麦)는 외국산 밀을 말한다. 빵에 정통한 사람 행세를 하고 싶다면 이 말을 꼭 사용할 것.	**19** 햇밀은 밭에서 수확해서 곧바로 빻은 밀을 말한다. 제분에서 2개월 이내로 한정되어 있어서 재고가 계속 남아있지 않다.	**20** 발효시킨 빵 반죽과 페이스트리 반죽을 구운 과자빵을 말한다. 크루아상이나 데니쉬 등이 해당한다.
21 스펠트밀(딩켈브로트)은 빵밀의 원종에 해당하는 고대 곡물. 품종개량이 거의 되지 않았기 때문에 글루텐 민감증을 잘 일으키지 않는다.	**22** 발아한 어린 밀이 땅에서 들뜨지 않도록 하기 위해서 하는 일. 밟아주면 뿌리가 잘 뻗어 나가 건강한 보리가 자란다.	**23** 식빵의 단위는 '1근'. 빵집에서는 근 단위로 판매한다. 한 근의 무게는 약 340g 이상으로 정해져 있다.	**24** 프랑스빵은 밀가루, 소금, 빵효모, 물을 넣은 반죽으로 만든다. 바게트 외에도 바타르, 쿠페 등 종류가 다양하다.	**25** 빵은 기독교의 보급과 함께 일본으로 전해졌다. 포르투갈어인 'pão(팡)'이 어원이다.

[**빵 클럽 활동 소감**]

일본산 밀의 장점을 알려줄 수 있어서 정말 좋았어요. 앞으로도 일본 전국의 빵집을 발이 닳도록 돌아다녀 보자고요!
by 회장 : 이케다

신입회원도 늘어서 점점 즐거운 활동이 될 것 같아요. 다음에는 이벤트에 참가하고 싶네요.
by 부회장 : 하야시

이벤트에 가서 일본산 밀의 장점을 알게 되었어요. 회장님 따라가려면 좀 더 공부해야겠지요.
by 회원 : 노다

도쿄 빵클럽의 1년 선배로서 신입회원을 호되게 단련하고 싶습니다!
by 부원 : 하세가와

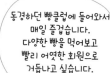

동경하던 빵클럽에 들어와서 매일 즐겁습니다. 다양한 빵을 먹어보고 빨리 어엿한 회원으로 거듭나고 싶습니다.
by 부원 : 사토

빵을 먹으러 다니면서 느낀 것은 장인들의 빵에 대한 뜨거운 열정! 앞으로도 많이 먹어주겠어!
by 부원 : 마키타

 ※빵공감은 '팡라보&comics2'(가이드웍스)에 게재. ※햇밀은 계절 한정으로 밀가루의 재고도 한정되어 있습니다.

빵덕후를 위한 일곱 가지 도구

빵집 순례를 할 때 가지고 다니면 유용한
도구를 빵 클럽 회장인 이케다 씨에게 물었다.

대공개!! 이케다 씨의 인마이백(in my bag)

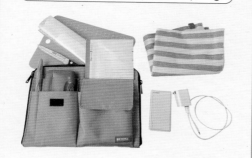

간편하게 정리한 이케다 씨의 도구는 모두 실용성 만점!
가지고 다니면 빵집 순례가 더 즐거워진다.
이케다 씨의 도구 대공개!

이케다 씨
모두 오랫동안
애용하고 있습니다.

1

빵 모양 펜과 노트
펜은 빵을 좋아하는 사람답게 바게트 모양.
노트는 주머니에 들어가는 손바닥 사이즈를 좋아한다.

2

도마
얇고 가벼우면서 튼튼한 도마.
100엔 숍에서 샀는데 꽤 편하다.
있을 때와 없을 때가 천지 차이다.

3

빵 칼
기록용으로 자를 때나 큰 사이즈의
빵을 나눠 먹을 때 사용한다.
가지고 다니기 좋은 작은 사이즈.

4

지퍼백
빵을 넣어가기 위한 비밀도구!
맛을 보존할 수 있다.
그대로 냉동실에 넣으면 편하다.

5

에코백
가볍고 편리한 에코백은 들고 갈
빵이 늘었을 때 활약한다.
많이 들어간다.

6

명함 케이스
빵집에서 통성명할 때 필요하다.
시선이 집중되는
비비드한 블루 컬러가 강렬하다.

7

오븐 시트
촬영할 때 빵의 기름이 배지 않도록
바닥에 까는 시트.
남은 빵을 쌀 때도 사용한다.

빵 클럽 신입회원도 자주 사용하는 도구 소개!

깨끗한 손으로
빵을 마주한다!

회원 마키타
물수건
빵을 먹기 전에는 반드시 손을
깨끗하게 한다. 청결한 손으로
스스럼없이 빵을 덥석 베어 문다.

빵집에서 멋있는
사진을 찍고 싶다!

회원 사토
DSLR 카메라
빵을 찍는다면 고화질 카메라로!
지금까지 먹은 빵을 그때그때
카메라에 담아서 빠짐없이 기록
하고 있습니다.

모닝

팩토리 · 카와이 브레드&커피 · 메종 랑드메네 아자부다이 베이커리
앤드 카페 사와무라 히로오 플라자
브레드 앤드 커피 이케다야마 · 브라세리 비롱 시부야
믹스처 베이커리 앤드 카페 · 브레드 앤드 타파스 사와무라 히로오
센트레 더 베이커리 · 오레노 베이커리 앤드 카페 마쓰야긴자 우라

런치

르 팽 코티디앵 시바코엔점 · No.4 · 폴 가구라자카점
메종 카이저 카페 마루노우치점 · 바이 미 스탠드 시부야점
카멜백 샌드위치 앤드 에스프레소 · 도쿄 켄쿄

티타임

허드슨 마켓 베이커스 · 선데이 베이크샵
유니콘 베이커리 · 석세션 · 패스 · 카지츠엔 리베르
플리퍼스 시모키타자와 · 시아와세노 팬케이크 오모테산도점
미카사데코 앤드 카페 진구마에

디너

블랑제리 비스트로 에페 · 포완 에 리뉴
마치노파라 · 블랑 · 포앙타쥐 · 데이 앤드 나이트

Chapter

8

ALL DAY BAKERY CAFÉ

아침, 점심, 저녁 하루종일 즐기는 올데이 베이커리 카페

아침과 점심은 물론 식사와 와인이 어우러지는 밤까지.
방문하는 시간에 따라서 메뉴를 완전히 바꿔서 즐길 수 있는 베이커리 카페.
몇 번을 가도 질리지 않고 즐길 수 있다!

9:00

#모닝 #MORNING

하루의 시작은
갓 구운 빵과 함께
행복하게

야스쿠니 신사 맞은편, 야스쿠니
도리에 있는 베이커리 카페이다.
아침 8시 오픈과 동시에 빵을 사
러 오는 손님과 아침 메뉴를 먹
으러 오는 사람들로 북적인다. 아
침 메뉴는 조식 세트 1가지이다.
먼저 트레이를 들고 수제 그래놀
라와 음료, 빵에 발라먹을 것들을
고른다(1회 한정). 테이블에 돌아
오면 갓 구운 빵과 달걀 요리가
담긴 접시, 방금 내린 커피가 나
온다. 느긋하고 세련된 아침 시간
을 보내보자.

밀크잼과 과일잼,
그래놀라까지 모두 자가제!

아침부터 든든하다!
빵이 주인공인 아침밥

조식 세트(750엔) (빵, 달걀 요리, 커
피 또는 홍차, 과일 등 선택). 빵은
베이글, 크루아상, 뤼스틱크 중에서
선택한 1개와 미니사이즈 빵 2개
※모닝 메뉴는 8:00~10:00

맛있는 빵 덕분에
이야기꽃이 핀다.

(위) 매일 바뀌는 팩토리의 갓 구운 키슈와 샐러드, 빵(970엔). 계절에 따라 달라지는 런치 메뉴도 확인할 것.
(아래) 스콘과 쿠키 등 구움과자도 있다. ※런치메뉴는 11:00~15:00 (토요일, 공휴일은 브런치 10:00~15:00)

13:00

#런치 #LUNCH

갓 구운 빵과
건강에 좋은 요리는
오후 활동의 원동력

매장에서 직접 굽는 빵에 채소를 풍성하게 곁들인 메뉴 등 건강에 좋은 점심을 즐길 수 있다는 점이 베이커리 카페의 묘미이다. '팩토리'에서는 4종류의 런치를 선택할 수 있는데, 키슈와 샌드위치 등 빵을 메인으로 한 메뉴가 중심이다. 샐러드가 함께 나오거나 채소가 잔뜩 들어간 피자 등 여성에게 인기 있는 메뉴가 많다. 20가지 전후의 갓 구운 빵을 매장 안에서 맛볼 수 있다. 베이커리 카페에서 친구와 이야기를 나누면서 즐거운 런치타임을 보내보자.

19:00

#디너 #DINNER

베이커리에서
우아하게
빵과 술을 즐긴다!

디너도 즐길 수 있는 베이커리 카페가 늘고 있다. '팩토리'의 디너는 해산물 위주의 일품요리 및 빵과 어울리는 요리 등 12가지이다. 계절에 따라 메뉴를 바꾸기 때문에 제철 식자재를 사용한 메뉴를 고를 수 있는 점도 즐거움 가운데 하나다. 디너 타임에는 간접 조명의 은은한 불빛으로 공간을 채워서, 하루의 마무리에 어울리는 한가롭고 차분한 분위기를 연출한다. 와인과 어울리는 요리, 그리고 요리에 어울리는 빵을 먹으며 기분 좋게 취해보자.

> 적당히 짭짤한 실치가 화이트 와인과 잘 어울린다.

이 날은 실치와 페코리노 치즈 샐러드 피자(레몬 풍미) (1,300엔)가 메뉴로 나왔다. 실치는 하야마에서 가져온 것을 사용했다. 아침에 실치가 들어온 날에만 먹을 수 있다. 채소는 가마쿠라산 채소를 사용한다. ※디너 메뉴는 17:30~22:00 (라스트 오더 21:30)

(왼쪽 위) 건포도 식빵은 식감이 가볍다. 크러스트는 완전히 구워서 고소하다. (오른쪽 위) 목제 선반에는 잼과 그래놀라 그리고 과일로 만든 효모가 들어 있는 병도 진열되어 있다. (왼쪽 아래) 이 깃발이 표식이다. (오른쪽 아래) 와인도 빼곡하다.

팩토리
ファクトリー

구단시타의 작은 빵 공장

빵과 요리를 모두 잘하는 베이커리 카페이다. 계열 매장인 '고지마치 카페(麴町カフェ)'에 빵을 납품하는 빵 공장의 역할도 한다. 서양배와 사과 같은 제철 과일로 키우는 효모를 사용한 하드계열 빵을 포함해서 약 20종류의 빵을 굽는다. 유기농 밀로 만든 비스킷(330엔) 등 구움과자도 인기다.

📞 +81-3-5212-8375 📍 千代田区九段南 3-7-10 アーバンキューブ九段南 1F 🕐 8:00~22:00 (라스트 오더 21:30), 토요일·공휴일 9:00~18:00 🗓 일요일 💺 20석 🚃 JR 이치가야 역에서 걸어서 10분
🌐 epietriz.com/factory 📷 @epietriz 📷 @epietriz_eatgood

매장의 불빛이
손님을 끌어당긴다.

모닝 x 빵

아침으로 빵을 먹는 문화가 자리를 잡은 지금은,
아침에 빵을 먹는 사람들을 위해 아침 메뉴로 빵을 만들기도 한다.
인기 베이커리에서 근사한 조식을 즐겨보자.

개성 넘치는 일본산 치즈가
쫄깃쫄깃한 빵과 잘 어울린다!!

치즈와 빵의
궁합은 최고!

베이글 샌드위치 250엔
아이스 라테(싱글) 550엔

일본산 훈제 연어와 요시다 목장의
신선한 치즈를 넣은 베이글 샌드위
치의 인기가 가장 많다. 풍미가 진
한 치즈가 쫄깃쫄깃한 빵과 잘 어
울린다.

카와이 브레드 & 커피
カワイイ ブレッド&コーヒー

정성껏 만든 무첨가 빵이 가득

크리에이티브 에디터스 유닛인 카와이 팩토리에서 운영하는 동네 빵집 겸 커피
매장이다. 투명한 유리 너머로 내부가 환히 들여다보이는 공방에서 만드는 다채
로운 무첨가 빵이 이곳의 자랑이다. 일본산 밀, 자가제 발효종, 유기농 식자재를
사용하기 때문에 향이 진하고 풍부하다. 매일 25가지 정도 빵을 굽는다. 오카야
마현에 있는 요시다 목장(吉田牧場)의 귀한 치즈가 들어간 샌드위치도 인기다.

📞 +81-3-3523-5040 📍 中央区八丁堀 2-30-16 T&Y 빌 1F 🕐 7:00~18:00, 일요
일 ~16:00 📅 월·화요일 (좌석) 6석 🚇 지하철 핫초보리역 A4 출구에서 걸어서 1분 🌐
cawaiibreadandcoffee.com 📘 @cawaiibreadandcoffee 📷 @cbc_press

인쇄 공장이었던 건물을 개조한
매장 안에 무첨가 빵이 가득하다.

바삭바삭 폭신폭신
콤비네이션

발효 버터의 상큼한 향과
바삭한 식감의 크루아상

크루아상 (프랑스 버터) 519엔
카푸치노 702엔

프랑스산 레스큐어(LESCURE) 버터를 사용했다. 겉면은 바삭바삭 속은 촉촉하고 부드럽다.

메종 랑드메네 아자부다이 Maison Landemaine 麻布台

전통 제법으로 만드는 본고장 파리의 맛

파리에서 인기가 높은 블랑제리의 일본 1호점이다. 프랑스산 무농약 밀과 천연효모를 사용하고, 낮은 온도에서 장시간 발효시키는 냉장 발효법을 이용해서 매일 아침 빵을 굽는다. 일본산 버터와 프랑스산 고급 버터를 넣은 2가지 크루아상과 밀 향기가 구수한 바게트가 특히 호평을 받고 있다. 레스토랑도 함께 운영하기 때문에 빵과 어울리는 요리도 맛볼 수 있다.

📞 +81-3-5797-7387 📍 港区麻布台 3−1−5 日ノ樹ビル 1F 🕐 7:00〜19:30 📅 비정기 휴일 💺 54석(테라스 20석 포함) 🚇 지하철 롯폰기잇초메역 2번 출구에서 걸어서 5분 🌐 maisonlandemainejapon.com/blank-3 📷 @maison_landemaine_jp_official

매장 안은 매일 아침 구워내는 빵으로 가득하다. 날마다 먹을 수 있게 합리적인 가격을 매긴 바게트(195엔)도 인기.

한 상 가득 차려진 모습에
아침부터 대만족

정말 호화로운 조식!

사와무라 모닝 3,024엔 (음료 포함)

바구니 가득 담긴 10가지 빵과 치즈 오믈렛, 자가제 소시지 등이 한 세트.

베이커리 앤드 카페 사와무라 히로오 플라자

ベーカリー&カフェ SAWAMURA 広尾プラザ

엄선한 재료로 만드는 갓 구운 빵

나가노현 가루이자와에서 높은 인기를 자랑하는 '베이커리 앤드 레스토랑 사와무라'의 도쿄 4호점이다. 국내외의 밀가루와 자가제 천연 발효종을 종류별로 달리해서 만드는 빵이 매력적이다. 저온에서 오랜 시간 발효시키기 때문에 풍부한 향과 구수한 맛이 느껴진다. 넓은 매장에서는 시그니처 빵과 어울리는 다양한 식사 메뉴와 와인도 즐길 수 있다.

📞 +81-3-6450-2255 📍 渋谷区広尾 5−6−6 広尾プラザ 2F 🕐 7:00〜21:00 (라스트 오더) 📅 시설 휴관일 💺 45석 🚇 지하철 히로오역 2번 출구에서 걸어서 2분 🌐 b-sawamura.com/shops/hirooplaza.php

편안한 매장에서 빵을 고르거나 식사를 할 수 있다. 사와무라 모닝 메뉴에는 사와무라가 자랑하는 빵이 바구니 한가득!

인기 있는 빵은 심플하게
두툼한 토스트로!

와사와사
쫄깃쫄깃한 토스트!

브레드 앤드 커피 이케다야마 Bread & Coffee IKEDAYAMA

빵과 커피 모두 심혈을 기울인 자가제

정성껏 고른 원재료로 직접 구운 빵과 자가 배전한 신선한 커피를 맛볼 수 있다. 홋카이도산 밀 '유메치카라'를 사용해서 낮은 온도에서 천천히 구워내는, 결이 촘촘하고 쫄깃쫄깃한 식빵 '팽 드 미'가 간판 메뉴이다. 이 밖에도 계절 과일을 넣은 데니쉬 등 약 30가지의 빵이 있다. 커피는 약배전과 강배전을 모두 취급한다.

📞 +81-3-5488-8046 ◎ 品川区東五反田 5-10-18 ⏱ 8:00~19:00 📅 연중무휴 🪑 30석 🔎 JR 고탄다역 A7 출구에서 걸어서 3분 🌐 @BreadCoffee. IKEDAYAMA

모닝 세트 500엔 (음료 포함)

빵은 팽 드 미와 크루아상 중에서 고른다. 테이크아웃도 가능하다.

계절 과일을 토핑한 데니쉬 시리즈 (420엔~) 등 디저트도 다양하다.

빵과 곁들이는
잼도 종류가 다양!

noisette

브라세리 비롱 시부야점 Brasserie VIRON 渋谷店

프랑스 비롱에서 직수입한 밀가루 사용

1층은 빵과 과자를 판매하는 블랑제리 겸 파티세리, 2층은 요리와 빵을 맛볼 수 있는 브라세리이다. 파리 교외에 있는 제분회사 비롱(VIRON)과 제휴해서 프랑스 직수입 밀가루로 본고장의 맛을 추구한 빵과 구움과자를 만든다. 조식 세트에서는 스페셜티 바게트 레트로도르 등 4가지 빵과 6종류의 고급 잼을 함께 즐길 수 있다.

📞 +81-3-5458-1770, 03-5458-1776 (2F 브라세리) ◎ 渋谷区宇田川町33-8 塚田ビル 2F ⏱ 9:00~22:00 (조식 ~11:00) 📅 연중무휴 🪑 54석(2층) 🔎 각 노선 시부야역 3a 출구에서 걸어서 6분

조식 세트 1,620엔 (음료 포함)

빵은 바게트 레트로도르, 잡곡을 넣은 세레알. 비에누아즈리는 2가지 중에서 선택.

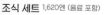

비에누아즈리는 바구니에서 고른다.

대면 판매되는 1층. 바게트, 크루아상은 물론이고, 브루타뉴 지방의 전통 과자인 **퀸 아망**(410엔)도 인기.

아침 빵의 대표, 토스트는
즐기는 방법이 무한대

매일 바뀌는 토스트를 기대하며
아침 일찍 집을 나선다.

토스트는 따끈따끈하게
서빙됩니다.

오늘의 토스트 세트 648엔

두툼한 피자 토스트에 샐러드, 삶은
달걀, 음료 포함. 토스트는 매일 바
뀐다.

믹스처 베이커리 앤드 카페 mixture bakery&café 大英堂

동네에서 사랑받는 베이커리 카페
시모키타자와에서는 흔하지 않은 이른 아침부터 조식을 먹을 수 있는
가게이다. 바게트와 조리빵 등 구색도 다양하며, 빵의 종류를 선택할
수 있는 샌드위치와 피자도 인기다. 동네밀착형으로 인근의 음식점과
콜라보한 빵이 등장하기도 한다.

📞 +81-3-5453-7677 📍 世田谷区北沢 3-31-5 🕐 7:30~21:00 📅 비정기
휴일 💺 15석 🚇 오다큐 · 게이오 이노카시라선 시모키타자와역 북쪽 출구에
서 걸어서 5분 💻 cafe-mixture.com

이치반가이 상점가 모퉁이에 있는 매장. 원
래 이 자리는 현재의 주인이 일하던 노포 베
이커리였다.

7:30 OPEN

단맛이 강하고
푹신푹신한 토스트

홋카이도산 밀
2종류를 혼합.

두툼한 토스트 세트 1,058엔

기타노카오리 밀가루로 만든 팽 드
미를 토스트 한 식빵에 계절 수프
와 달걀프라이, 샐러드, 음료가 포
함된 세트

브레드 앤드 타파스 사와무라 히로오 Bread & Tapas SAWAMURA 広尾

빵 중심의 다양한 메뉴

갓 구운 빵과 타파스 등을 맛볼 수 있는 베이커리 겸 레스토랑이다. 빵은 하드계
열을 중심으로 종류가 다양하다. 20종류 정도의 밀가루를 빵마다 다르게 사용하
고, 저온에서 장시간 발효시킴으로써 소재 본연의 맛을 끌어낸다.

☎ +81-3-5421-8686 ⊙ 港区南麻布 5-1-6 ラ・サッカイア南麻布1・2F ⏰ 1층
7:00~22:00, 2F 레스토랑 조식 7:00~10:00 (라스트 오더), 런치 11:00~16:00 (라스
트 오더), 디너 17:00~다음날 새벽 3:00 (라스트 오더), 일요일·공휴일 ~22:00 (라
스트 오더) 🪑 연중무휴 💺 49석 🔑 지하철 히로오역 3번 출구에서 걸어서 5분 🌐
b-sawamura.com

아침 일찍부터 많은 손님으로
붐빈다. 지역 주민과 관광객 등
이 조식을 먹으러 찾아온다.

7:00 OPEN

식빵 타베타베 (식빵 3종)
잼+버터 세트 648엔

버터 3종, 과일잼 3종, 스프레드 2종
으로 구성된 세트. 음료 포함이다.

맛이 퍼져나간다.
두께는 2.3cm.

토스터로 바로바로 구워 먹는다.
빵의 향기와 밀의 차이를 즐겨보자!

센트레 더 베이커리 CENTRE THE BAKERY

식빵 문화의 발신기지

본격적인 프렌치 스타일의 빵으로 인기몰이 중인 '비롱(VIRON)'의 식
빵 전문점이다. 일본산 밀을 사용한 촉촉한 사각 식빵, 북미와 캐나다
산 밀을 사용한 미국식 식빵 풀먼(Pullman), 장시간 저온 숙성해서 만
드는 산형 식빵인 잉글리시 빵 등 3종류의 식빵을 맛볼 수 있다.

오픈 전부터 줄을 서기 때문에 예약은 필수다.
샌드위치 등은 테이크아웃도 가능하니 상황에
따라 이용해보자.

10:00 OPEN

☎ +81-3-3562-1016 ⚲ 中央区銀座 1-2-1 紺屋ビル 1F 東京高速道路 ⏰
10:00~19:00, 카페 ~20:00 (라스트 오더 19:00) 📅 연중무휴, 카페는 월요일
(공휴일인 경우 다음 날) 🪑 56석 🚇 JR 유라쿠초역 교바시 출구에서 걸어서
3분

버터 토스트 480엔

산형 식빵을 슬라이스해서 발효 버터만 발라 구운 심플한 토스트의 결정판

밀의 구수함과 식감을
충분히 맛보자

바삭바삭하고 폭신폭신한
토스트에 버터를 스윽.

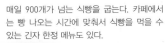

10:00 OPEN

매일 900개가 넘는 식빵을 굽는다. 카페에서는 빵 나오는 시간에 맞춰서 식빵을 먹을 수 있는 긴자 한정 메뉴도 있다.

오레노 베이커리 앤드 카페 마쓰야긴자 우라
俺のBakery & Café 松屋銀座 裏

심플한 식빵의 극치

이탈리안 요리나 프렌치 요리 등의 '오레노' 시리즈를 전개하고 있는 '오레노 주식회사'가 운영하는 식빵 전문점이다. 홋카이도의 밀 '기타노카오리'와 완전 자연 방목 우유를 사용한 시그니처 식빵 등 3가지의 대표 상품 외에 긴자점 한정 및 기간한정 빵도 인기가 많다.

📞 +81-3-6263-2985 📍 中央区銀座 3-7-16 1F · 2F 銀座ユリカビル 🕐 10:00~21:00, 카페(2층)는 9:00~21:00 (라스트 오더 20:00) 📅 비정기 휴일 🪑 78석 🚇 지하철 긴자역 A13 출구에서 걸어서 1분 🌐 oreno.co.jp/sp/bakery

**타르틴 런치 하프&하프
(평일 한정)** 1,598엔

간판 메뉴인 5가지 타르틴을 매일
바꿔가며 제공한다. 수프와 샐러드
포함이다.

푸른 자연에 둘러싸인 공간에서
벨기에의 전통적인 빵을 먹는다.

순한 맛의 수프도
매일 바뀐다.

런치 × 빵

식사와 음료를 즐길 수 있는 베이커리 카페는 런치 타임에 이용하기도 좋다.
만족도 높은 식사 빵과 주인공 빵 옆에 야채와 곁들이 음식을 잔뜩 올린 플레이트 등 선택지도 다채롭다.

르 팽 코티디앵 시바코엔점
Le Pain Quotidien 芝公園店

벨기에서 온, 몸에 좋은 빵과 식사

벨기에서 시작된 베이커리 레스토랑의 일본 1호점이다.
유기농 밀을 사용해서 본점과 똑같은 레시피로 만드는 소박
하고 맛이 깊은 빵이 인기다. 식사 메뉴에는 모두 빵이 포함
되어 있으며, 조식과 런치 타임에 자유롭게 시식할 수 있는
잼 바(jam bar)도 호평을 받고 있다.

📞 +81-3-6430-4157 📍 港区芝公園 3-3-1 🕐 7:30~22:00 (라스
트 오더 21:00) 📅 연중무휴 🪑 94석(테라스 54석 포함) 🚶 지하철
오나리몬역 1번 출구에서 걸어서 1분 lepainquotidien.com/jp/
ja/ 📘 @lepainquotidienjapan 🐦 @lpqjp 📷 @lepainquotidienjp

아삭아삭 사과와
야채의 나이스 콤비!

알록달록
예쁜 신선 샐러드

위클리 샐러드, 빵 포함 1,000엔

어린잎 채소 등의 야채와 사과가 듬
뿍. 자가제 갈릭 토스트와도 잘 어울
린다. 샐러드는 매주 바뀐다.

No.4 ナンバー・フォー

고객을 배려하는 수제 음식

알레르기가 있거나 채식주의자 등 음식에 제한이
있는 사람도 함께 식사를 즐길 수 있도록 셰프의 배
려를 담아 엄선한 메뉴가 준비되어 있다. 식이섬
유와 철분이 풍부한 제빵용 커피 가루 커피플라워
(coffee flour)와 사탕수수 설탕, 자가제 효모를 사용
해서 50~60종류의 빵을 굽는다.

☎ +81-50-5596-7274 ⊙ 千代田区四番町 5-9 ⊙
8:00~21:00 (라스트 오더) 🗓 연중무휴 🪑 48석 🔎 지하
철 고지마치 역 6번 출구에서 걸어서 3분 ⊕ tysons.jp/
no4/

런치 타임의 빵 무한리필은 카트르 레쟁, 팽 오 프로마주 등을 바구니에 담아 가져다 준다.

직접 구운 빵 5가지 정도를 마음껏 먹을 수 있어서 대만족

야채 듬뿍, 오리지널 드레싱을 뿌려서.

01

폴 가구라자카점 PAUL 神楽坂店

프랑스 북부에서 탄생한 전통 있는 빵집

1889년 창업한 프랑스의 빵집 '폴(Paul)'의 플래그십 스토어다. 본점의 인테리어를 재현해서 앤티크하고 클래시컬한 분위기로 매장을 꾸몄다. 하드계열 빵과 비에누아즈리, 샌드위치 등 70종류가 넘는 상품을 판매한다. 빵의 레시피와 제조법은 창업 당시와 똑같이 엄격하게 지키고 있다.

☎ +81-3-6280-7723 ⊙ 新宿区神楽坂 5-1-4 神楽坂テラス 1F ⓣ 10:00~21:00 (휴일) 연중무휴 座 40석 ♪ 지하철 우시고메카구라자카역 A3 출구에서 걸어서 2분 ⊕ pasconet.co.jp

02

03

01. 추천메뉴는 샐러드 런치(1,296엔~). 매일 바뀌는 빵이 무한리필 된다. **02.** 카눌레(270엔)는 보르도 지방의 과자이다. 표면은 바삭하고 속은 쫄깃하다. **03.** 타르트 루바브(518엔)는 커스터드 크림과 시베리아 남부가 원산지인 채소 루바브로 만들었다. **04.** 앤티크 가구가 놓인 매장 내부는 프랑스의 미술관을 방불케 한다.

고정 메뉴부터 계절 한정 빵까지 종류가 다양하다.

천연 효모로 만든 빵을 10가지 넘게 마음껏 맛볼 수 있어서 행복

01

03. 버터향이 진한 **크루아상**(216엔). 04. 강황을 넣어 반죽한 **쿠르쿠마**(303엔)는 호두가 씹히는 맛이 좋다. 05. 커스터드와 건포도가 들어간 **팽 오 레쟁**(281엔)

메종 카이저 카페 마루노우치점
Maison Kayser Café 丸の内店

요리에 맞는 빵을 추천해 준다

역과 바로 연결되어 접근이 편리한 블랑제리이다. 빵을 판매하는 베이커리 코너에서는 음식과 잘 어울리는 빵을 추천해 주고 있으니 가벼운 마음으로 물어봐도 좋다. 카페는 런치타임을 추천한다.

☎ +81-3-6269-9411 ⊙ 千代田区丸の内 1-4-1 丸の内永楽ビルディングiiyo 1F ⏰ 11:00~15:30, 17:00~22:30 (일요일·공휴일 ~20:00) 📅 연중무휴 🪑 42석 🚇 지하철 오테마치역 B1 출구에서 걸어서 1분

01. 메종 카이저의 갓 구운 빵을 무제한으로 먹을 수 있어서 좋다. 테이블마다 돌아다니며 서빙을 해줘서 먹다 보면 과식하게 된다. **02.** 계절 야채를 풍성하게 넣은 **샐러드 플레이트**(1,200엔)는 매주 재료와 드레싱의 맛을 바꾼다. 모둠빵은 인기 있는 크루아상과 바게트를 기본으로, 그때그때 매장 추천 빵을 준비한다.

소문난 빵들이 점심에는 무한리필

달콤한 사과 맛이 나는
뉴욕에서 인기 있는 핫 샌드위치.

빵은 소박한
캉파뉴를 사용

간판 메뉴인 **애플칙스**(1,200엔). 돼지고기 삼
겹살. 양파. 사과, 카망베르 치즈를 샌드하고
철판에서 뚜껑을 덮어 굽는다.

바이 미 스탠드 시부야점 BUY ME STAND 渋谷店

'동네에서 맛집'으로 알려진 일품 샌드위치

패션 브랜드 '선 오브 더 치즈(SON OF THE CHEESE)'가 운
영하는 샌드위치 매장이다. 모든 샌드위치에 여러 가지 치즈
를 넣은 것이 특징이다. 간판 메뉴는 야마모토 대표가 뉴욕에
서 먹은 맛을 재현한 애플칙스와 매장 이름의 유래가 된 베트
남식 반미 샌드위치 바이미.

📞 +81-3-6450-6969 📍 渋谷区東 1-31-19 マンション並木橋
202 🕐 8:00~21:00 🈳 비정기 휴일 💺 15석 🚃 JR 시부야역 신남쪽
출구에서 걸어서 5분 🌐 maisonkayser.co.jp/location/marunouchi

미국에 있는 오래된 다이너가 떠오르는 개방감 넘치는 매
장 내부. 벽면 전체가 유리로 된 입구는 파스텔 그린의 벽
과 어울려져 밝은 분위기를 자아낸다.

(왼쪽부터) '수제 양고기 베이컨과 수제 드라이 토마토, 고수를 듬뿍'(1,000엔), 간사이풍 두툼한 달걀말이를 끼워 넣은 '초밥집의 타마고산도'(450엔)

구움색을 내지 않은 깔끔한 달걀말이

깊고 진한 커피와 빵을 맛있게 먹을 수 있는 샌드위치.

카멜백 샌드위치 앤드 에스프레소
CAMELBACK sandwich&espresso

모든 입맛에 맞는 개성파 샌드위치
원래 스시 장인이었던 나루세 씨와 바리스타 스즈키 씨가 운영하고 있다. 샌드위치는 속에 넣는 재료에 맞춰서 세 군데 베이커리에서 가져온 바게트를 각각 사용한다. 바게트의 맛을 살리면서 일본의 맛을 가미한 샌드위치가 주목받고 있다.

☎ +81-3-6407-0069 ⊙ 渋谷区神山町 42-2 ⊙ 8:00~17:00 🈳 월요일 🪑 스탠딩 테이블석 🚇 지하철 요요기코엔역 2번 출구에서 걸어서 6분 📷 @camelback.tokyo ⊙ @camelback_tokyo

가까운 '타루이 베이커리', '카타네 베이커리', '365일'의 각각 다른 바게트를 사용. 빵을 구분해서 샌드위치의 맛을 최대한으로 끌어올린다.

소문난 샌드위치로 고급스러운 런치 타임

도쿄 켄쿄 Tokyo Kenkyo

친절한 스태프가 만들어내는 따뜻한 공간
수제 주스 시럽으로 만드는 상큼한 탄산음료와 음료에 어울리는 볼륨감 있고 연한 가츠산도가 간판 메뉴이다. 산구바시에 있는 '타루이 베이커리'의 빵으로 샌드위치를 만든다. 신선한 식자재가 듬뿍 들어가서 포만감이 상당하다.

☎ +81-3-6416-4751 ⊙ 渋谷区南平台町 7-9 2F ⊙ 8:00~20:00 (라스트 오더 19:30) 🈳 월요일 🪑 60석 🚇 JR 시부야역 서쪽 출구에서 걸어서 10분 📷 @tokyokenkyo 📷 @TokyoKenkyo ⊙ @kenkyo_nanpeidai

키위 소다(550엔)는 상큼한 맛. 주스 시럽은 일주일 정도 숙성하며, 늘 8가지 이상 준비한다. 상큼한 과즙과 자연의 달콤함을 즐길 수 있다.

두께가 5cm나 되는 육즙 가득 촉촉하고 부드러운 돈가스에 감동

소스가 밴 양배추도 맛있다.

생 모차렐라를 넣은 두툼한 **돼지 안심 샌드위치**(1,500엔). 주문 후에 바로 튀기는 돈가스는 놀랄 정도로 부드럽다. 쭉쭉 늘어나는 치즈와의 궁합도 좋다.

티타임 × 구움과자

고소하고 달콤한 구움과자는 많은 사람을 사로잡고 행복을 선사한다.
맛은 물론 눈도 즐겁고 종류도 다양하다. 커피와도 궁합이 잘 맞아서 티타임에 빠놓을 수 없는 아이템!

쇼케이스에는
갓 구운 과자로 가득하다.

선택이
곤란할 정도로
종류가 다양!

당근 케이크 540엔
치즈 크림이 듬뿍 올라간
당근 케이크는 여러 종류
의 향신료 향이 난다.

레몬 포피시드 파운드케이크 420엔
푸른 양귀비 씨를 반죽
에 넣어 씹는 맛이 있는
파운드케이크는 레몬 향
이 입안에 퍼진다.

퍼지 브라우니 390엔
호두가 잔뜩 들어간 브
라우니는 달콤한 초콜릿
과 쌉쌀한 카카오의 밸
런스가 절묘하다.

허드슨 마켓 베이커스
Hudson Market Bakers

뉴욕 스타일의 인기 베이크샵
견과류 등 곡물을 듬뿍 넣은 구움과자가 인기
인 가게이다. 손바닥만 한 큼직한 브라우니는
포만감도 만점이다. 진한 치즈케이크부터 잡
곡과 견과류, 말린 과일 등을 넣은 소박한 구
움과자까지 상품 구색이 다양하다.

📞 +81-3-5545-5458 📍 港区麻布十番 1-8-6 🕐
11:00~20:00, 토~월요일·공휴일 ~19:00 🪑 연
중무휴 💺 12석 🚇 지하철 아자부주반역 4번 출구
에서 걸어서 1분 🌐 hudsonmarketbakers.jp/ 📘
Hudson Market Bakers 📷 @hudson_market_
bakers_tokyo

화이트 위주로 꾸민 모던한 매장에
들어서면 갓 구운 과자의 달콤한 향
이 가득하다. 머핀과 상자에 담긴
쿠키, 그리고 곡물을 섞어 만든 그
래놀라 등이 있다. 미국식으로 사이
즈는 크지만 본고장보다 달지 않아
서 질리지 않는 맛이 포인트이다.

계절마다 다른 과자를 즐길 수 있다.

눈앞에서 끊임없이 과자가 구워져 나온다!

호두와 헤이즐넛 브라우니 350엔

촉촉한 초코케이크 안에는 고소한 견과류가 듬뿍 들어 있다. 씹는 식감이 좋다.

콘밀 아몬드 브레드 400엔

옥수수가루와 아몬드로 만든 글루텐 프리 케이크. 며칠 두었다 먹어도 맛있다.

딸기 플랩 잭 트레이 베이크 400엔

쇼트 브레드 위에 케이크 반죽을 올려 구웠다. 새콤 달콤한 딸기와 오트밀을 토핑.

선데이 베이크샵
Sunday Bake Shop

길게 줄을 서는 인기 베이크샵

갓 구운 과자의 달콤한 향기가 매장을 가득 채운다. 주인인 시마자키 가즈코 씨가 직접 만드는, 계절 과일과 채소를 적당히 섞어서 구운 심플한 머핀과 스콘이 빼곡하게 진열되어 있다.

🕐 없음 📍 渋谷区本町 6-35-3 🕐 수요일 7:30~17:30, 금요일 ~19:00, 일요일 9:00~19:00 🈺 월·화·목·토요일, 마지막 주 수요일 🪑 10석 🚃 게이오신선 하쓰다이역 북쪽 출구에서 걸어서 7분 🌐 sundaybakeshop. jp 🅕 Sunday Bake Shop 🅘 @sundaybakeshop 🅘 @sunday_bake_shop

(오른쪽 위) 당근 케이크 등 구움과자는 약 10종류 (왼쪽 위) 매장 안에 카페 공간도 있어서 커피와 홍차를 과자와 함께 맛볼 수 있다. (오른쪽 아래) 오픈을 기다리는 사람들로 아침부터 줄이 만들어지기도 한다.

전부 사고 싶을 만큼
사랑스러운 갖가지 머핀

인기 머핀은
매일 다른 종류로 제공

콘 브레드 210엔
옥수수가루로 만들어 많이
달지 않고 풍미가 좋아서
식사와 간식에 모두 잘 어
울린다.

메이플 피칸 바 280엔
메이플 시럽과 흑설탕의
진한 맛이 특징으로, 피칸
을 아낌없이 넣었다.

**바나나
초콜릿 칩 머핀** 270엔
바삭바삭한 크럼블이 한가
득 올라간 머핀에는 초콜
릿과 바나나도 듬뿍.

유니콘 베이커리 Unicorn Bakery

영국인 엄마가 만드는 인기 과자
영국에서 즐겨 먹는 홈메이드 과자 전문점. 이
가게의 자랑인 머핀은 매일 7~8가지 정도 만
든다. 스콘과 머핀 외에 파운드케이크와 과일
케이크 등 상품 구성도 다양하고 단맛도 적당
해서 인기가 많다.

📞 +81-90-6013-6763 📍 国立市中 1-1-14 🕐
13:00~19:00, 일요일 11:00~14:30 🚫 수요일 · 목
요일 🪑 2석 🚃 JR 구니타치역 남쪽 출구에서 걸어
서 6분 📷 @UnicornBakery

영국의 펍을 연상시키는 앤티크한 분위기의 가
게이다. 고르기 힘들 정도로 머핀 종류가 많다.
간판에 귀여운 유니콘 그림을 그려 넣었다.

타르트 쇼콜라 486엔

바닥에 헤이즐넛 프랄린과 푀양틴을 깔아서 식감과 향을 더했다.

플랑 540엔

바닐라가 듬뿍 들어간 커스터드 크림을 구운 것. 프랑스의 간식이다.

치즈 케이크 540엔

럼주에 절인 건포도 럼레이즌을 넣어서 어른의 맛이 난다. 밀가루와 우유를 넣고 익반죽해서 구워 촉촉하다.

2017년 6월에 오픈. 과자뿐만 아니라 빵과 샌드위치도 있다.

가장 인기 있는 시나몬롤

사랑스럽고 소박한, 마음을 달래주는 디저트들이 한가득

석세션 サクセション(Succession)

정성과 애정이 느껴지는 과자

베이커리와 케이크 가게에서 오래 경험을 쌓아온 이와모토 오너 셰프가 만드는 다양한 구움과자는 모두 소박하고 친근한 맛이 난다. 이바라키에 있는 농원에서 가져오는 신선한 식자재를 사용하는 등 소재에도 신경 쓴다. 계절마다 새로 등장하는 메뉴도 기대된다.

📞 090-5793-1401 📍 台東区谷中 2-5-19 🕙 10:00~18:00 (라스트 오더) 📅 화요일 💺 12석 🚇 지하철 센다기역 1번 출구에서 걸어서 6분 🌐 succession-yanaka.amebaownd.com 📷 @succession_yanaka

야네센 산책 코스로 최적인 야나카 깃테도리에 있다. 매장에서 가벼운 식사도 가능하다. 추천 메뉴 **앙버터 토스트**(756엔)는 도카치 밀 100%로 만든 무첨가 식빵을 두툼하게 썰고, 이탈리안 머랭으로 만든 버터크림과 단맛이 적은 통단팥을 얹어 볼륨감 있게 완성했다. 세트로 나오는 음료와 함께 먹는다.

티타임 × 팬케이크

잔잔한 티타임에 잘 어울리는 팬케이크는 해마다 진화를 거듭해서,
이제는 줄을 길게 설 정도로 인기가 있다.
최고의 매장이 모여 있는 격전지 도쿄에서 좋아하는 한 접시를 발견해보자.

겉은 바삭, 속은 쫄깃,
짭조름한 맛이 일품인 식사용 팬케이크

부드러운
치즈가 주욱

**더치 팬케이크 생햄과
부라타 치즈** 1,620엔

달걀을 듬뿍 넣은 반죽을 오븐에서
천천히 익힌 독일식 팬케이크

패스 PATH(パス)

파리를 연상시키는 매혹적인 카페

고소한 크루아상과 자가제 천연효모로 만드는 빵이 인
기인 아지트 느낌의 카페이다. 미슐랭 2스타 레스토랑
출신의 하라 셰프와 고토 파티시에 두 사람이 운영한다.
더치 팬케이크는 꼭 먹어봐야 한다.

📞 +81-3-6407-0011 ⚲ 渋谷区富ケ谷 1-44-2 A-FLAT 1F
🕐 8:00～15:00 (라스트 오더 14:00), 18:00～다음날 0:00 (라스
트 오더 23:00) 🚫 월요일, 조식은 둘째·넷째 주 화요일, 디너
는 둘째·넷째 주 일요일 ⚲ 23석 🚇 지하철 요요기코엔역 1
번 출구에서 걸어서 1분

팬케이크가 보이지 않을 정도로
과일을 아낌없이 토핑

과일이
모두 싱싱하다

카지츠엔 리베르 果実園 リーベル 目黒店

제철 과일을 최대한으로 맛본다

주인이 직접 골라오는 신선한 제철 과일로 만든 파르페
와 팬케이크, 자가제 아이스크림으로 인기가 많다. 과일
을 최상의 상태로 보관하기 위해서 미리 잘라두지 않는
다. 다양한 이탈리안 식사 메뉴에 계절 과일이 세트로
나온다.

📞 +81-3-6417-4740 📍 目黒区目黒 1-3-16 プレジデン
ト目黒ハイツ 2F 🕐 7:30~23:00 (라스트 오더 22:30), 일요일
~22:00 (라스트 오더 21:30) 🗓 연중무휴 🪑 56석 🚃 JR 메구
로역 서쪽 출구에서 걸어서 3분 🌐 kajitsuen.jp 📷 @kajitsuen

플리퍼스 시모키타자와
FLIPPER'S 下北沢店

입안을 부드럽게 감싸는 '최고의 한 접시'
수플레 팬케이크 전문점이다. 미야기 다
케토리 농장(竹鶏ファム)의 감칠맛 나는
달걀로 만드는 머랭에 홋카이도 비에이
산의 단맛이 강한 우유와 일본산 밀가루
를 넣은 반죽은 부드럽고 맛이 깊다. 주문
을 받고나서 발효 버터를 사용해서 낮은
온도에서 구워낸다.

📞 +81-3-5738-2141 📍 世田谷区北沢
2-26-20 1F 🕐 11:00~20:00 (라스트 오더
19:30) 🚩 비정기 휴일 🪑 18석 🚃 오다큐선·
게이오 이노카시라선 시모키타자와역 북쪽 출
구에서 걸어서 2분 🌐 flippers-pancake.jp
📷 @flippers.jp

엄선한 재료로 심혈을 기울여 만드는
기적의 한 접시를 만끽하다

상큼한 과일과
잘 어울리는 반죽

기적의 팬케이크
~프레시 프루츠~ 1,300엔

딸기와 바나나, 블루베리를 듬뿍 올
린 한 접시

진한 치즈 무스 팬케이크
베리 소스 1,280엔

산미가 도는 베리 소스와 특제 치
즈 무스를 올려서 부드럽게 마무리
했다.

부드럽고 말랑말랑한
중독되는 식감

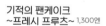

한입 먹으면 미소가 번지는
폭신폭신 팬케이크

시아와세노 팬케이크 오모테산도점
幸せのパンケーキ 表参道店

줄을 길게 서야 하는 인기 매장
첨가제를 넣지 않고 폭신하면서 부드럽게 구운
팬케이크가 인기다. 미리 만들어 두지 않고, 뚜
껑을 덮어 20분 이상 정성껏 구워낸다. 카시스
향이 진한 자가제 베리 소스는 치즈 무스와도
잘 어울린다.

📞 +81-3-3746-8888 📍 渋谷区神宮前 4-9-3 清
原ビル B1F 🕐 9:30~19:30 (라스트 오더 18:40).
토·일요일·공휴일 9:00~ 🚩 비정기 휴일 🪑 75
석 🚃 지하철 오모테산도역 A2 출구에서 걸어
서 2분 🌐 magia.tokyo 📷 @magiatokyo 📷 @
ahappypancake

여름 한정 메뉴
무더운 여름에도 먹기 좋은
'여름 팬케이크'

**우전차(雨前茶)향
여름 일본식 감귤 팬케이크** 1,350엔

찻잎향의 팬케이크에 상큼한 레몬 크림. 일본의 감귤품종인 일향하(日向夏) 잼과 신선한 감귤이 어우러졌다.

**폭신폭신 리코타
팬케이크** 1,350엔

일본산 밀가루에 머랭을 넉넉하게 넣어서 푹신하게 만든 반죽. 상티이 크림을 발라 먹는다.

입안에서 스르륵 녹는 맛
폭신하고 포근한 겉모습

주르륵 치즈도
부드럽게

미카사데코 앤드 카페 진구마에
MICASADECO & CAFÉ 神宮前

메뉴에도 일본의 요소를 더했다

오사카, 난바에서 시작된 모던 카페이다. 리코타 치즈를 듬뿍 넣은 팬케이크가 유명하다. 콩가루와 말차를 넣은 팬케이크에, 리소토와 오픈 샌드위치까지 식사메뉴도 다양하다. 인테리어와 식기, 요리에 이르기까지 일본의 전통 요소를 도입했다.

☎ +81-3-6892-7006 ⊙ 渋谷区神宮前 6-13-2 1F ⏰ 11:00∼19:00 (라스트 오더 18:30) ⊞ 연중무휴 ⊖ 26석 ⏏ 지하철 메이지진구마에(하라주쿠)역 4번 출구에서 걸어서 7분 ⊕ micasadecoandcafe.com ⨍ @micasadecoandcafejingumae

디너 x 빵

밤에는 맛있는 자가제 빵과 요리, 그리고 그 음식에 어울리는 와인을 곁들여 느긋하게 저녁 식사.
훌륭한 마리아주가 행복한 기분을 북돋워준다.

(왼쪽) 손님 자리와 가까운 곳에 오븐을 두어 빵이 구워져 나올 때마다 구수한 향이 퍼진다. (오른쪽) 식물이 휘감긴, 따뜻함이 느껴지는 건물

바게트 트래디셔널 310엔
프랑스산 밀을 사용하고 낮은 온도에
서 장시간 숙성하여 완성한다. 겉껍질
은 바삭바삭하고 구수하다.

프룬과 헤이즐넛 540엔
인기 많은 하드계열 빵의 하나이다.
씹을수록 프룬의 새콤함이 퍼진다.

블루베리 무화과 650엔
안에 들어간 과일이 많이 달지 않아서
치즈와 와인을 곁들여 먹는 것도 추천
한다.

블랑제리 비스트로 에페
Boulangerie Bistro EPEE

서로의 맛을 돋워주는 빵과 요리
기치조지역 뒷골목에 있는 앤티크한 분위기의 베이커리 레스토랑이다. 매장에서 구워내
는 빵과의 궁합을 중시한 부야베스 등의 요리를 맛볼 수 있다. 자연파 와인 등 알코올 종
류도 다양하다. 입구에서 판매하는 빵은 테이크아웃도 가능하다.

☎ +81-50-5303-7092 📍 武蔵野市吉祥寺南町 1-10-4 1F ⏰ 블랑제리 9:30〜18:30, 레스토랑
10:30〜23:00 (라스트 오더 22:00), 일요일·공휴일 〜22:00 (라스트 오더 21:00) 📅 연중무휴 🪑
36석 🚉 JR 기치조지역 남쪽 출구에서 걸어서 3분 🌐 mothersgroup.jp/shop/epee.html 📘 @
BoulangerieBistroEPEE 📷 @boulangeriebistroepee

마치 파리에 간 듯한 기분을 선사하는
비스트로의 빵과 요리와 자연파 와인

매장을 가득 채운
구수한 밀의 향기

디너X빵

입안에서 살살 녹는 소 볼살 와인
조림은 코스 메뉴(4,104엔)를 먹
을 때 선택 가능한 메인요리이다.

오피스 가의 중심에서
빵 디너를 즐긴다.

소스는 빵에 찍어
먹어도 맛있다.

와인 안주용
빵도 많다!

피오트르 378엔
떫은맛이 나지 않고 매끄러운 호두와
상큼한 청 건포도를 아낌없이 넣었다.

쇼콜라 303엔
프랑스 카카오 바리(Cacao barry) 사
의 초콜릿을 밀가루 대비 150% 사용
해서 맛이 진하고 촉촉하다.

앙 비자 238엔
부드러운 식감의 팥앙금은 흑당으로
맛을 냈다. 반죽에는 올리브 오일을
배합했다.

포완 에 리뉴 POINT ET LIGNE

정성스러운 작업이 빛을 발하는 오리지널 빵

셰프가 만드는 프렌치 요리와 30가지 이상의 빵을
즐길 수 있는 베이커리 앤드 바르이다. 장인이 수작
업으로 호두의 떫은 껍질을 벗겨내고, 단팥빵에 들
어가는 팥앙금은 여러 번 체에 거르는 등, 빵 만드
는 공정에 손이 많이 가는 만큼 정성이 담긴 빵을
만들고 있다.

📞 +81-3-5222-7005 📍 千代田区丸の内 1-5-1 新丸
の内ビルディング B1F 🕐 11:00~22:30 (라스트 오더
22:00), 토·일요일·공휴일 10:30~21:00 🈳 시설 휴관
일 🪑 32석 🚇 JR 도쿄역 신마루노우치 출구에서 걸어서
1분 🌐 point-et-ligne.com 📷 @point.et.ligne

빵은 밀 본연의 향과 버터의 향기를 느낄 수 있도록 달걀을 넣지 않는다. 반죽 만들
기부터 성형까지 매장 안에서 정성을 다해 굽는다.

요리와 와인에도
잘 어울리는
빵을 즐기세요.

4~5종류의 빵이 가득.
고기 요리와도 궁합이 잘 맞는다.

'파라 에코다'를 즐겨 찾던 어린이집 이사장이 오픈 가능성을 타진하고, 오너가 그 생각에 찬성해서 실현된 공간이다.
보육원과 동네의 연결고리를 확대하는 역할을 한다.

호두와 무화과 콩플레 615엔

전립분으로 만든 쫄깃쫄깃한 콩플레
반죽에 레드와인에 절인 새콤 달콤한
무화과와 고소한 호두가 듬뿍

뤼스티크 216엔

건포도 발효종으로 만든 하드계열의
빵이다. 겉은 바삭하고 속은 쫄깃하며
맛은 심플하게 짭짤하다.

마치노파라 まちのパーラー

집처럼 편안한 동네 카페

어린이집에 병설된 카페 겸 베이커리이다. 도쿄 네
리마구에 있는 '파라 에코다'(→p.32)의 계열 가게
로, 그곳에서 빵을 가져와서 판매한다. 카페에서는
이탈리안 요리를 중심으로 약 17가지의 기본 메뉴
와 제철 식재를 사용해서 매일 또는 매주 바뀌는 요
리를 맛볼 수 있다.

📞 +81-3-6312-1333 📍 練馬区小竹町 2-40-4 🕐
7:30~21:00 (라스트 오더), 월요일 ~18:00 🈺 화요일 💺
24석 🚇 지하철 고타케무카이하라역 2번 출구에서 걸어
서 5분 👍 @まちのパーラー

포르케타(삼겹살 허브 로스트)
(1,749엔), 글라스 와인(918엔~).
육즙이 꽉 차서 촉촉하다.

버터넛
스쿼시 소스가 일품!

추천하는 빵과 함께
아침부터 저녁까지 즐길 수 있다.

일본산 소고기 등심구이와 고치산 야채 그릴 요리(2,700엔). 빵(324엔)은 리필 할 수 있다. 와인은 글라스(864엔~). 병(4,104엔~).
프랑스산을 중심으로 20~25종류 정도 준비해 둔다. 주말 밤에는 예약이 필수다.

블랑 Blanc(ブラン)

아지트 같은 비스트로 겸 베이커리

일본산 밀로 만든 자가제 빵과 프렌치 베이스의
요리에 몸에 좋은 내추럴 와인을 함께 곁들여
먹을 수 있다. 밤에는 메뉴가 매일 바뀌는데, 고
치현에서 직송된 제철 채소를 풍성하게 사용한
애피타이저와 메인 요리를 알차게 준비한다.

📞 +81-3-6273-3164 📍 港区虎ノ門 1-11-13 1F
🕐 7:00~22:45 (라스트 오더 22:15) 🈺 첫째·셋째
주 토요일, 일요일·공휴일 (공휴일은 대절 시에만
영업) 🪑 13석 🚇 지하철 도라노몬역 1번 출구에서
걸어서 3분 🌐 bread-lab.com 📘 @blanctokyo

가와라 450엔 (쿼터 사이즈)

280℃의 고온에서 구워 겉껍질은 바
삭, 속은 쫄깃하며 곡물 특유의 감칠
맛과 단맛이 제대로 느껴진다.

프랑스산 카오카(KAOKA)
사의 초콜릿과 일향하 필 200엔

고치현에서 재배한 일향하로 만든 자
가제 필과 초콜릿 칩이 듬뿍 들어간
브리오슈고치현에서 재배한 일향하로
만든 자가제 필과 초콜릿 칩이 듬뿍
들어간 브리오슈

포앙타쥐 pointage(ポワンタージュ)

아침부터 밤까지 맛볼 수 있는 빵과 델리

빵을 만드는 형과 요리를 담당하는 동생이 운영하
는 가족 경영 베이커리 카페이다. 매장에서는 120
가지가 넘는 갓 구운 빵과 이탈리아에서 경력을 쌓
은 셰프가 책임지는 델리를 맛볼 수 있다. 가장 인
기 있는 밀크프랑스 외에 형제의 기술이 하나로 뭉
친 조리빵도 다양하다.

📞 +81-3-5445-4707 📍 港区麻布十番 3-3-10 🕐 블랑
제리, 카페 10:00~23:00, 런치 11:30~15:00 📅 월요일,
첫째 · 셋째 주 화요일 🪑 20석 🚇 지하철 아자부주반역 1
번 출구에서 걸어서 2분

호두 로데브 380엔

수분이 많고 쫄깃쫄깃한 속살이 특징
이다. 식사로 먹고 싶은 하드 계열 빵
이다.

밀크프랑스 230엔

부드러운 프랑스빵에 입에서 살살 녹
는 자가제 밀크 크림을 듬뿍 넣었다.

치킨 콩피(800엔)와 버섯 마리네(400엔
100g)는 하드계열 빵과 먹으면 맛있다. 하
우스 와인(600엔) 등 주류도 준비되어 있다.

가볍게 즐기는
디너 빵

아자부주반의 뒷골목에서
맛보는 갓 구운 빵과 델리 그리고 와인

이것저것 집어먹는 즐거움이 있는
색색깔의 토스트!

귀여운 한입 사이즈!
인스타에 올려야지!

토스트 토퍼스(980엔). 토스트해서 네 조각으로 자른 식빵 위에 토마토와 바질, 블루치즈와 메이플 등의 재료를 올렸다. (8가지 중에서 4가지 선택)

데이 앤드 나이트 デイアンドナイト

진화하는 샌드위치

에비스와 시로카네에 있는 인기 매장 '버거 마니아'에서 새롭게 전개하는 매장이다. 아침에는 커피×샌드위치, 밤에는 내추럴 와인×요리로 하루를 즐길 수 있는 편안한 장소이다. 내추럴 와인과 함께 먹으면 제격인 새로운 스타일의 토스트 토퍼스가 화제이다.

📞 +81-3-5422-6645 📍 渋谷区恵比寿2-39-5 🕐 9:00~22:00 (라스트 오더 21:00) 📅 셋째 주 월요일 💺 20석 🚇 지하철 히로오역 2번 출구에서 걸어서 10분 🌐 dayandnight2015.com 📘 @dayandnightshirokane 📷 @dayandnight2015

조식 메뉴를 먹을 수 있는 아침과는 달리 밤에는 차분한 분위기로 완전히 바뀐다. 샌드위치와 햄버거, 그리고 내추럴 와인을 곁들이기 좋은 일품요리도 있다.

편집부 추천!

빵의 단짝 친구!

맛있는 빵의 단짝 친구는 잼이며
버터, 크림 등 종류도 다양하다.
빵 맛이 더 좋아진다.

오렌지
풍미가 상큼!

팩토리
오렌지 초콜릿 800엔

→ p.184

초콜릿 페이스트와 오렌지 잼이 만나
은은하게 달콤하다.

커다란 아몬드가
인상적

초프
아몬드 폼 800엔

→ p.228

벌꿀에 아몬드(almond)와
제철 사과(pomme: 폼)을 넣은
향기가 좋은 잼.

빵을 멈출 수 없는
황금 콤비

오레노 베이커리 앤드 카페
올리브오일 & 치즈 1,080엔

→ p.193

이탈리아산 치즈를
올리브오일에 담갔다.
감칠맛이 진하다.

바질 풍미의
토마토가 상큼

부드러운 느낌,
진한 맛

테코나 베이글 웍스
드라이 토마토 올리브 230엔

→ p.135

올리브의 짭짤한 맛이 토마토의 새콤 달콤한
맛을 돋워줘서 베이글에 딱이다.

365일
365일×농가 피넛 페이스트 1,080엔

→ p.56

지바현 보소반도(房総半島)에서
품질 좋은 땅콩을 공급하는
'세가와(セガワ)'와 콜라보레이션.

새콤 달콤
정통의 콤비

톡톡 터지는
재밌는 식감

미나미초 테라스
레몬 마멀레이드 864엔

→ p.220

오미시마 섬의 무농약 레몬과 벌꿀을
사용했다. 하드계열 빵에 곁들이면 좋다.

테코나 베이글 웍스
블랙 무화과 230엔

→ p.135

무화과를 듬뿍 넣었다.
크림치즈와의 궁합도 훌륭하다.

가나가와현

미나미초 테라스

사이타마현

시마이

지바현

초프

Chapter

9

HOLIDAY BAKERY TOUR

맛있는 빵을
찾아 떠나는
휴일 빵지순례

도쿄에서 조금만 발걸음을 옮겨 가볍게 빵집 투어를 떠나자.
동네 사람들 틈에 섞여서 빵을 사기도 하고 갓 구운 빵의 향기가 가득한
멋진 카페에서 식사도 하며 한가로이 시간을 보낼 수 있다.

하늘과 바다가 만나는 경치를 테라스 자리에서 독점

Minamicho terrace

미나미초 테라스

미우라 반도 북쪽에 위치한 가나가와(神奈川県)현 즈시(Zushi)시. 오래된 고도(古都) 가마쿠라와 가깝고, 후지산과 에노시마를 조망할 수 있는 사가미만을 따라 조성된 리조트 지역으로 알려져 있다. 고쓰보 어항(漁港)이 한 눈에 내려다보이는 높은 곳에 동그마니 자리한 '미나미초 테라스'는 주말에만 영업하는 베이커리 카페이다. 이 매장의 자가제 천연 효모빵이 빵 마니아들 사이에서 주목받고 있다.

도쿄에서 가는 방법

🚗 수도고속도로 완간선 경유 요코하마 요코스카 도로 아사히나IC에서, 현도204호선, 현도311호선을 경유하여 약 20분

🚈 JR 요코스카선 '즈시'행, 즈시역 하차

나무의 따뜻함이 편안하게 느껴진다.

01. 가게 주변은 어촌 마을이다. 차가 못 다니는 좁은 길을 올라간 언덕 위에서 가만히 발을 멈춘다. 군데군데 안내판이 있어 안심이다. **02.** 레트로한 나무 선반이 쇼케이스를 대신한다. 빵과 요리에 사용하는 세토 내해의 유게 섬 해조류 소금(540엔) 등 조미료도 판매한다. **03.** 무농약 햇 레몬(1개 129엔)은 세토 내해의 오미시마 섬에서 재배한 것이다. 콩피튀르로 만든 것이 입소문이 나서 가져다 두게 되었다고 한다. **04.** 지역의 장인인 미야시타 다카후미와 호리 코지의 작품 등. 매장에서 사용하는 식기를 전시 판매한다. 사용감이 좋고 손님들의 요청이 많아서 판매를 시작했다.

짙푸른 바다를 바라보며 맛보는 천연 효모빵

활발했던 어촌의 모습이 남아있는 마을. 고쓰보. 히로야마의 산길을 따라서 좁은 언덕길을 5분 정도 올라간 높은 곳에 '미나미초 테라스'가 모습을 드러낸다. 평소에는 주인 부부의 집이자 주말에만 오픈하는 베이커리 카페이다.

사람들이 모이는 공간을 만들어 고쓰보를 활기찬 마을로 바꾸고 싶어서 주인인 히다카 씨가 앞장을 섰다. 맨 처음 부인이 카페를 열자고 제안했고, 빈집 재생 사업을 하는 건축가 남편 히다카 씨는 지은 지 40년 된 어부의 집을 리모델링했다. 고자재로 만든 가구와 목제 조각으로 장식해서 나무의 따뜻함이 느껴지는 가게를 완성했다.

전 좌석 바다 뷰를 자랑하는 엄청난 곳에서 맛볼 수 있는 것은. 방금 내린 커피와 간단한 식사. 전국 각지에서 가져오는 과일과 그 과일로 만드는 타르트, 지역에서 잡은 실치를 올린 빵 등이다. 과일로 만드는 천연 효모를 넣어 깊은 맛이 나는 빵은, 저온에서 장시간 발효하여 밀의 풍미를 최대한으로 끌어올린 베이글과 캉파뉴가 인기다.

(왼쪽부터) 유기농 호두와 커런트를 넣은 **미니 캉파뉴**(432엔), 일본 품종인 구조네기(파)와 고쓰보 실치 **포카치아**(378엔), **프레첼**(378엔)

05. 빵 플레이트(918엔)는 그날그날 바뀐다. 이 날은 캉파뉴에 고쓰보의 톳과 버섯 파테를 곁들인 계절 아채 **미네스트로네. 06.** 직접 만든 콩피튀르에 사용하는 과일과 무농약 채소는 전국에서 가져온다. 소재 본연의 맛을 지키기 위해 단시간에 끓여내서 단맛을 줄였다. **07.** 무화과를 넣고 구운 **타르트**(1조각 540엔)는 기후현의 요시무라 농원(吉村農園)에서 직송한 무농약 무화과를 사용했다. 진한 풍미가 인상적이며 식감도 좋다. **08.** 자택 겸 점포. 커다란 창에서 빛이 쏟아져 들어와 기분이 좋아진다. 지역의 작가와 아티스트가 워크숍을 열기도 한다.

빵은 부인 혼자서 만든다. 오픈 하루 전부터 정성껏 반죽을 하고 시간을 들여 천천히 발효시켜서 굽는다. 고객의 요청에 부응하기 위해 여러 시행착오를 거듭하면서, 심플하게 밀의 맛만 느낄 수 있도록 달걀과 유제품을 넣지 않는 빵을 만들게 되었다고 한다.

또한 커피는 엄선한 스페셜티 등급의 생두를 직접 볶는다. 불과의 거리 조절, 망을 흔드는 방식 등을 조절해가며 윤기가 나게 볶는다. 커피콩의 특성에 맞춰서 숙성방법을 달리한 커피는 떫은맛이 적고 부드럽다.

오픈날에는 손님들이 영업 시작 전부터 줄을 서는 일도 종종 있다. 고쓰보 어항의 아담한 마을과 즈시 마리나 리조트, 쇼난의 바다를 한 눈에 담을 수 있는 테라스는 솔개 소리가 배경음악이 되어준다. 날씨가 좋은 날에는 후지산과 이즈 반도까지 보일 정도로 공기가 투명하고 시야가 좋다. 절경을 독점하면서 현지의 식자재를 풍성하게 넣은 빵과 요리를 즐기러 가보자

미나미초 테라스 南町テラス

직접 만드는 요리가 자랑거리인 동네의 간이역

즈시의 첫 '동네 간이역'으로 인정받은 베이커리 카페. 빵과 과자에 사용하는 식자재는 히다카 씨가 직접 발로 뛰어 찾아낸 것을 사용한다. 매장 안에는 빵은 물론이고 농가 직송 과일로 만드는 잼, 유기농 식자재를 사용한 말차 쿠키(302엔)등 과자류도 있다.

☎ +81-467-84-7162 📍 神奈川県逗子市小坪 4-12-15 南町テラス ⏰ 12:00~17:00 🈺 월요일~금요일, 악천후인 날, ※여름과 겨울에 장기 휴업 예정 🪑 7석 (테라스 5석 포함) 🚃 JR 즈시역 동쪽 로터리 7번 버스 승차장에서 '고쓰보 경유, 가마쿠라역 행'을 타고 약 10분. '고쓰보 해안'에서 내려 걸어서 6분 🌐 minamicho-terrace.com/about/ 🅕 @minamicho.terrace

Cimai

시마이

곤겐도(権現堂) 벚꽃 길로 유명한 사이타마현 삿테(幸手)시. 겨울의 수선화, 장마철의 수국, 가을의 꽃무릇. 1년 내내 계절 꽃들이 찾아오는 사람들을 기쁘게 해준다. 이 거리에서 빵집을 연 것은 2018년으로, 십여 년 이상이 되었다. 타협하지 않고 자신들이 만들고 싶은 빵을 만들어 나가는 시마이는 지역에 뿌리를 내리고 제대로 연륜을 쌓아가고 있다.

도쿄에서 가는 방법

수도권 중앙연락도로(지가사키~사카이코가) 삿테IC에서 현도 383호선 경유해서 약 5분

지하철 한조몬선 '미나미쿠리하기'행을 타고 도부 닛코선 삿테역 하차

눈에 보이는 모든 것이 귀여운 공간

부부가 제각기 자신 있는 빵을 구우며 벚꽃 거리에서 사랑받다.

활발했던 어촌의 모습이 남아있는 마을, 고쓰보. 히로야마의 산길을 따라서 좁은 언덕길을 5분 정도 올라간 높은 곳에 '미나미초 테라스'가 모습을 드러낸다. 평소에는 주인 부부의 집이자 주말에만 오픈하는 베이커리 카페이다.

사람들이 모이는 공간을 만들어 고쓰보를 활기찬 마을로 바꾸고 싶어서 주인인 히다카 씨가 앞장을 섰다. 맨 처음 부인이 카페를 열자고 제안했고, 빈집 재생 사업을 하는 건축가 남편 히다카 씨는 지은 지 40년 된 어부의 집을 리모델링했다. 고자재로 만든 가구와 목제 조각으로 장식해서 나무의 따뜻함이 느껴지는 가게를 완성했다.

전 좌석 바다 뷰를 자랑하는 엄청난 곳에서 맛볼 수 있는 것은, 방금 내린 커피와 간단한 식사, 전국 각지에서 가져오는 과일과 그 과일로 만드는 타르트, 지역에서 잡은 실치를 올린 빵 등이다. 과일로 만드는 천연 효모를 넣어 깊은 맛이 나는 빵은, 저온에서 장시간 발효하여 밀의 풍미를 최대한으로 끌어올린 베이글과 캉파뉴가 인기다.

빵은 부인 혼자서 만든다. 오픈 하루 전부터 정성껏 반죽을 하고 시간을 들여 천천히 발효시켜서 굽는다. 고객의 요청에 부응하기 위해 여러 시행착오를 거듭하면서, 심플하게 밀의 맛만 느낄 수 있도록 달걀과 유제품을 넣지 않는 빵을 만들게 되었다고 한다.

또한 커피는 엄선한 스페셜티 등급의 생두를 직접 볶는다. 불과의 거리 조절과 망을 흔드는 방식 등을 조절해가며 윤기가 나게 볶는다. 커피콩의 특성에 맞춰서 숙성방법을 달리한 커피는 떫은맛이 적고 부드럽다.

오픈날에는 손님들이 영업 시작 전부터 줄을 서는 일도 종종 있다. 고쓰보 어항의 아담한 마을과 즈시 마리나 리조트, 쇼난의 바다를 한 눈에 담을 수 있는 테라스는 솔개 소리가 배경음악이 되어준다. 날씨가 좋은 날에는 후지산과 이즈 반도까지 보일 정도로 공기가 투명하고 시야가 좋다. 절경을 독점하면서 현지의 식자재를 풍성하게 넣은 빵과 요리를 즐기러 가보자.

시마이
シマイ

엄선한 소재로 만드는 몸에 좋은 빵

사용하는 밀가루는 전부 일본산이다. 나가노현산, 홋카이도산, 도치기산을 주로 사용한다. 부재료 또한 부부가 맛있다고 생각하는 것. 안심하고 먹을 수 있으며 가능하면 유기농인 것을 엄선하고 있다. 알레르기가 있는 사람도 먹을 수 있도록 유제품을 사용하지 않은 빵도 만든다. 효모는 밀가루를 계속 섞어서 15년 이상 키우고 있는 건포도 종 등 7~8종류를 사용한다.

☎ +81-480-44-2576 ⚲ 埼玉県幸手市幸手 2058-1-2 🕐 12:00~18:00
📅 비정기 휴일 ⚮ 6석 🚶 도부 닛코선 삿테역에서 걸어서 25분 ⊕ cimai.
info 📷 @cimaipain

01. 매장 앞에 눈에 띄는 간판 없이 입구의 흰 벽에 'cimai'라고만 쓰여 있다. 무엇을 하는 곳인지 알 수 없는 수수께끼 같은 꾸밈새에 오히려 이끌린다. **02.** 주문을 받고 즉석에서 만드는 매일 바뀌는 샌드위치. 먹고 가는 경우에는 샐러드나 수프를 곁들인다(750엔~). 테이크아웃 하면 550엔~. **03.** 나란히 진열된 빵. 같은 것을 고를지 고민하면서 디저트로 먹고 싶은 빵을 스태프에게 건네면 포장해 준다. **04.** 자가제 효모빵이 구워져 나오는 15시 무렵의 라인업은 **캉파뉴와 과일 빵, 호두빵, 잉글리시 머핀** 등이다. **05.** 위에서부터 시계 방향으로 **캉파뉴**(1.1엔/그램 당), **코보(cobo)바나나 케이크**(350엔), **커런트와 호두**(S)(280엔), **흑당호두**(720엔). **06.** 외국의 어느 곳에 온 듯한 멋진 인테리어. **07.** 유키코 씨가 근처 빈티지 숍에서 발견한 유리병에 넣은 베이글. 귀엽고 정겨운 분위기를 자아낸다. **08.** 낡은 가구와 잡화의 대부분은 프랑스의 카페 등지에서 사용하던 것. **09.** 계절상품인 밤 스콘(250엔, 사진속 왼쪽)과 캐러멜너트 스콘(250엔, 사진속 오른쪽). 제철 식자재를 사용해서 그때그때 바뀌는 상품도 인기가 많다.

색색의 화려한 빵은
고르고 있기만 해도 두근두근 설렌다

지바현 마쓰도시

Zopf
초프

전국적으로 유명해서 줄이 끊이지 않는 라멘 가게 등의 맛집이 있어서 미식의 거리로 주목받는 지바현(千葉県) 마쓰도(松戸)시. 도쿄 중심부에서 강을 세 개나 건너서 마쓰도까지 걸음을 옮기는 미식가가 많다고 한다. '초프'에도 연일 많은 사람이 모여 빵덕후의 성지로도 불린다. 빵을 좋아한다면 한번은 가봐야 할 곳이다.

도쿄에서 가는 방법

🚗 도쿄가이칸 자동차도로 남미사토IC에서 국도 295호선 경유하여 약 25분

🚆 JR 조반선 완행열차 '아비코'행을 타고 기타코가네역 하차

마음에 드는 빵이
꼭 발견될 거예요!

압도적인 빵의 숫자와 고객을 생각하는 마음을 꾹꾹 눌러 담는다

역에서 도보로 25분 정도 떨어진 조용한 주택가 한복판에 연일 줄이 길게 이어지는 '초프'가 있다. 이 땅은 이하라 오너 셰프의 선대가 운영한 빵가게가 있던 자리로, 2000년에 리모델링했다. 1층의 간판 'Backstube Zopf(바크슈투베 초프)'는 작은 장소에서 굽는다는 뜻이라고 한다.

"깜짝 상자를 열었을 때 같은 놀라움을 주고 싶어요." 이하라 씨의 말대로 문을 열면 250~300가지나 되는 빵이 사람들을 맞이한다. 한 번에 8명까지만 들어갈 수 있는 아담한 매장 안에 보란 듯이 놓여있는 빵. 전국을 다 뒤져도 이

만큼 종류가 많은 곳은 좀처럼 찾기 어려울 것이다. 하드 계열 빵을 좋아하는 사람부터 달콤한 데니쉬를 좋아하는 사람까지, 사람마다 취향은 천차만별이다. '종류가 많으면 틀림없이 좋아하는 것 하나는 발견할 수 있다'고 손님의 마음을 헤아리다 보니 이만큼의 숫자가 나오게 되었다고 한다.

하지만 이렇게 빵이 많아도 새로 개발하는 빵은 1년에 5가지 정도라고 한다. 메뉴를 고정화하는 것이 가게의 방침이기 때문이다. "새 메뉴를 계속 개발하다 보면 진열대에 올

다양한 빵을 고르는 즐거움!

느긋한 조식코스(1,650엔)은 2시간에 걸쳐서 천천히 서빙 된다. 모둠빵은 크루아상 등 갓 구운 것으로 10종류.

브리오슈도 종류가 다양하다. 오른쪽부터 망고(259엔), 자몽(259엔), 살구(259엔). 전부 커스터드가 듬뿍.

독일의 오두막집이 떠오르는 매장 내부. 앤티크 풍의 유리를 통해서 부드럽게 빛이 흘러들어온다. 1층이 베이커리, 2층은 카페로 되어 있다.

호화로운 시간은 자신을 위한 선물

바삭바삭한 비스킷 반죽이 매력적인 멜론빵(172엔)에는 건포도를 넣었다. 친숙한 빵도 많이 있어서 원하는 대로 고르면 된다.

2층 카페에서는 빵을 주인공으로 한 요리를 즐길 수 있다. 국내외에서 인기 조식을 맛보기 위해 사람들이 모여든다. 주말 등 휴일에는 개점 직후에 만석이 되기도 한다.

리지 못하는 빵이 반드시 생깁니다. 마음에 드는 게 있어도 메뉴가 고정되지 않으면 다음에 왔을 때 그 빵을 못 사게 되지요." 그래서 고객이 마음에 든 빵을 계속해서 먹을 수 있도록 하기 위해 생겨난 방침이다.

고객에 대한 배려는 응대 방식에서도 엿볼 수 있다. 예를 들어 하루 약 700개를 굽는 최고 인기의 카레빵은 한번에 10개씩 튀겨서 항상 갓 나온 빵을 살 수 있다. 게다가 더

놀라운 사실은 계산을 기다리고 있는 손님의 카레빵을 직원이 방금 튀겨 나온 빵으로 바꿔준다는 것이다. 멀리서 와주는 손님이 갓 튀긴 카레빵이라는 즐거움을 충분히 누렸으면 하고 바라기 때문이다.

빵이 나를 기다리고 있었다는 생각이 들도록. 항상 모든 빵을 바로 구워서 준비한다. 빵과 고객에 대한 애정이 느껴지는 초프에 재방문이 많은 것도 이해가 된다.

매장 정원은 8명. 인원을 제한한 이유는 천천히 빵을 둘러볼 수 있게 하기 위해서다. 먼저 나가는 손님과 교대하는 방식으로 들어갈 수 있다.

매장 안에서는 직원들이 친절하게 응대를 해 주고, 갓 구워 나온 빵도 알려준다. 밝고 다가가기 쉬운 응대가 모토이다.

(오른쪽부터 시계방향) 5종의 과일을 올린 **바통 프뤼**(280엔), 볼륨감 있는 **커리 부어스트**(345엔), 15종류의 스파이스를 사용한 **카레빵**(248엔)

초프
ツオップ

빵집, 공방, 카페 세 가지 컬러

효모는 자택의 정원에서 딴 포도 등으로 만든다. 매혹적인 향을 가진, 순한 효모로 완성된다. 밀가루는 자가 제분기로 신선한 전립분을 만드는 외에도, 프랑스산 밀가루 등 빵에 맞게 구분해서 사용한다. 자택 겸 공방인 '로프(L'Zopf)'에서는 빵교실도 열린다. 점주인 이하라 씨는 전국에서 강습회를 열어 사사하는 사람도 많다.

☎ +81-47-343-3003 ⊙ 千葉県松戸市小金原 2-14-3 ⏱ 6:30~18:00 🈺 카페만 수요일 ♿ 22석 ⊕ JR 기타코가네역 남쪽 출구 마쓰도 신케이세이버스[2]에서 출발하는 '고가네하라 단지순환 · 버스안내소행'을 타고 약 10분 '오모테몬'하차 걸어서 1분 ⊕ zopf.jp ◎ @iharaya ⨍ @Zopf-108344505917116

호텔 × 베이커리

전통과 격식이 넘치는 빵부터 장인이 심혈을 기울인 본격 빵까지. 선물용으로도 제격인 명품으로 가득한 호텔 베이커리를 소개한다.

데이코쿠호텔 가르강튀아에서는 이것을 꼭 체크하자!!

데이코쿠호텔 도쿄 Imperial hotel Tokyo

오랜 역사를 지닌 일본의 영빈관

1890년 개업한 이래 전 세계의 귀한 손님을 맞이했던 호텔이다. 호텔샵 '가르강튀아'는 샹들리에 빛이 고급스러운 느낌을 자아낸다. 블루베리 파이(756엔~) 등의 디저트와 구움과자 외에도 약 40종류 이상의 빵을 구비하고 있다. 호텔 전통의 맛을 즐길 수 있는 조리빵도 있다.

📞 +81-3-3504-1111 📍千代田区内幸町 1-1-1 🔎 지하철 히비야역 A13 출구에서 걸어서 3분

가르강튀아 Gargantua

가르강튀아 샌드위치(12,960엔)는 6~8인분 정도이다. 데이코쿠호텔 베이커리 셰프가 만드는 빵 바구니에 햄, 훈제연어, 치킨샐러드, 게살샐러드의 4종이 다해서 48개 들어있다. ※7일 전까지는 예약을 해야 한다. 6~9월에는 판매하지 않는다.

📞 +81-3-3539-8086 📍帝国ホテル 東京本館 1F
🕐 8:00~20:00 📅 연중무휴 🖥 mperialhotel.co.jp/j/tokyo/hotelshop/

1 인스타에 잘 나오도록 샌드위치 확인!

> 지름 약 30cm의 거대 샌드위치

2 품격 있는 선물로 받는 사람을 기쁘게 하자

버터 풍미의 쿠키(1,080엔~5,400엔). 무화과 등 소재의 맛을 잘 살렸다. 마카롱도 들어 있어 다양한 식감을 즐길 수 있다.

홍차와 사과 브리오슈(1,512엔)는 반죽에 넣은 얼 그레이가 향기롭고 풍미도 진하다. 계절에 따라 플레이버가 달라진다.

3 호텔 베이커리 파트에서 담당하는 대표적인 식빵은 놓칠 수 없다!

> 하루 10근 한정 상품입니다.

트래디셔널 브레드(864엔)는 14:30이후에 구워 나온다. 자가제 효모를 사용해서 천천히 발효시켰다. 속살이 쫄깃하다.

12:00 이후에 나오는 건포도 빵(648엔)은 밀가루 1kg에 약 700g의 건포도를 배합한다. 개점 당시부터 변하지 않는 인기 상품.

호텔 뉴오타니 The Ritz-Carlton Café & Deli

사계절의 경치를 즐길 수 있는 분위기 있는 호텔

1964년에 개업한 명문 호텔. 부지 안에는 자연이 풍부한 일본식 정원이 있어서 계절에 따라 바뀌는 경치를 객실과 레스토랑에서 즐길 수 있다. 일본 정원은 숙박객이 아니어도 무료로 자유롭게 산책이 가능하다. 호텔 안에 있는 '파티세리 사쓰키(Satsuki)'에서는 그랑 셰프 나카시마 씨가 프로듀싱 하는 갓 구운 빵과 케이크 약 50종류 정도가 제공된다.

📞 +81-3-3265-1111 📍 千代田区紀尾井町 4−1 🚇 지하철 아카사카미쓰케역 D.기오이초 출구에서 걸어서 3분

레스토랑의 요리와 빵이 컬래버레이션

더 리츠칼튼 도쿄 ザ・リッツ・カールトンフェ&デリー

세련된 도심의 럭셔리 호텔

롯폰기의 복합시설 '도쿄미드타운'에 위치한 더 리츠칼튼 도쿄. 호텔 로비가 있는 45층부터는 도심이 한눈에 내려다보이는 파노라마 뷰를 즐길 수 있어서 인기다. '더 리츠칼튼 카페 앤드 델리'에서는 갓 구운 빵과 델리, 계절 케이크 등을 맛볼 수 있다.

📞 +81-3-6434-8711 📍 港区赤坂 9−7−1 東京ミッドタウン 🚇 지하철 롯폰기역 8번 출구 지하통로 바로 연결

파티세리 사쓰키
パティスリーSATSUKI

📞 +81-3-3221-7252
📍 メインロビー階
🕐 11:00〜21:00 연중무휴
🌐 newotani.co.jp/tokyo/restaurant/p-satsuki/

인기의 튀김빵 시리즈는 호텔 레스토랑 메뉴인 오리지널 카레와 칠리 새우 등을 넣어 만들었다. 특제 재료를 빵 반죽 안에 듬뿍 담아서 볼륨도 만점이다. 건강에 좋은 오일로 가볍게 튀기기 때문에 기름지지 않고 식감도 바삭바삭하다.

더 리츠칼튼 카페 앤드 델리
The Ritz-Carlton Café & Deli

📞 +81-3-6434-8711 📍 ザ・リッツ・カールトン東京 1F
💺 62석(테라스 28석 포함) 🕐 9:00〜21:00 ※카페 내 식사 11:00〜21:00 (라스트 오더 20:00) 연중무휴

유명 호텔의 베이커리도 충실!!

팰리스 호텔 도쿄 Imperial hotel Tokyo

마루노우치에 위치한 접근성이 편리한 호텔

와다쿠라(和田倉) 분수공원이나 고쿄(皇居)의 해자를 가까이서 볼 수 있는 자연 환경이 풍부한 곳에 있는 호텔. '스위츠 앤드 델리'에서는 매일 호텔 안의 공방에서 굽는 빵을 비롯해서 콩피튀르와 케이크 등 오리지널 상품도 판매한다.

📞 +81-3-3211-5211 📍 千代田区丸の内 1−1−1 🚇 지하철 오테마치역 C13b 출구 지하통로 바로 연결

식감이 풍부한 맛있는 빵이 한 가득!

스위츠 앤드 델리 SWEETS & DELI

📞 +81-3-3211-5315 📍 パレスホテル東京 1F 🕐 10:00〜20:00 연중무휴 🌐 palacehoteltokyo.com/restaurants-bars/sweets_deli/

단맛을 줄인 정통 콘 브레드

바게트와 캉파뉴 등 하드계열 빵부터 계절 식자재를 넣은 다양한 식사빵까지 라인업이 풍부하다. 매장 안의 델리 코너에서는 샐러드 등의 반찬도 구입할 수 있다.

호텔 메트로폴리탄 에드몬트 パティスリー エドモント

빵의 특성에 맞는 식감으로 구워낸다

도쿄의 중심, 녹음이 울창한 이다바시에 자리 잡은 호텔. 약 50종류의 빵이 준비되어 있다. 맛을 끌어올리기 위해서 각각의 빵에 가장 적합한 밀가루를 2,3종류 혼합한 반죽을 장시간 저온 숙성시켜서 굽는다.

📞 +81-3-3237-1111 📍 千代田区飯田橋 3−10−8 🚇 JR 이다바시역 동쪽 출구에서 걸어서 5분

파티세리 에드몬트 Pâtisserie Edmonte

📞 +81-3-3237-1111 📍 ホテルメトロポリタンエドモント 1F 🕐 8:00〜19:30 연중무휴

데니쉬 반죽을 폭신하게 구워서 레몬과 브랜디를 넣은 시럽에 담근 마운틴(170엔).

239

아무데도 못 가는 **당신을 위한**
방구석 빵지순례 in 도쿄

초판 1쇄 2021년 10월 1일

편저 아사히신문출판
옮긴이 이승원

편집장 김주현   **편집** 성스레
미술 안태현   **디자인** 윤지은
제작 김호겸   **마케팅** 사공성, 강승덕, 한은영

발행처 북커스
발행인 정의선
이사 전수현
출판등록 2018년 5월 16일 제406-2018-000054호
주소 서울시 종로구 평창30길 10
전화 02-394-5981~2(편집) 031-955-6980(영업)

값 18,000원
ISBN 979-11-90118-28-6 (13590)

※ 북커스(BOOKERS)는 (주)음악세계의 임프린트입니다.
※ 이 책의 판권은 북커스에 있습니다. 이 책의 모든 글과 도판은 저작권자들과 사용 허락
   또는 계약을 맺은 것이므로 무단으로 복사, 복제, 전재를 금합니다. 파본이나 잘못된 책은
   교환해드립니다.